채식 클럽 회원증

Stuff Every Vegetarian Should Know

By Katherine McGuire

First published in English by Quirk Books,

Philadelphia, Pennsylvania, USA

VEGETARIAN

채식 클럽 회원증

캐서린 맥과이어 | 방진이 옮김

일러두기

1. 단행본과 잡지는《 》로, 논문과 신문은〈 〉로 표기했습니다.
2. 국내에 번역 · 출간된 단행본이나 논문은 번역 제목에 원제를 병기하고, 출간되지 않은 단행본이나 논문은 원제에 번역 제목을 병기했습니다.
3. 각주는 옮긴이 주입니다.
4. 부록 '채식 재료와 음식 해설'은 각주의 내용을 찾아보기 쉽게 따로 정리했으며, '채식 관련 사이트와 카페'는 국내 대표적인 사이트와 카페를 소개했습니다.

인간인 동물과
인간이 아닌 동물
모두를 위해

For the animals—human
and nonhuman alike

〈머리말〉

채식 클럽에 오신 것을 환영합니다

축하합니다! 고기를 덜 먹기로 하셨군요. 그런 결심을 한 계기가 동물 복지나 환경보호나 사회문제에 관심이 있어서건, 건강이나 종교를 위해서건 당신은 혼자가 아닙니다. 전 세계에는 행복한 채식주의자 수억 명이 살고 있습니다. 채식 클럽의 일원이 된 걸 환영합니다!

당신은 결코 혼자가 아니지만, 다소 겁이 날 순 있습니다. 처음에는 무엇을 사고 어떻게 요리해야 하는지, 채식에 우호적이지 않은 사회 분위기에 어떻게 대처해야 하는지 잘 모를 테니까요. 채식주의자가 수억 명이라고 해도 우리는 여전히 소수입니다. 고기를 먹지 않는 사람보다 고기를 먹는 사람이 압도적으로 많은 것이 현실입니다.

그러나 고기를 포기하면 훨씬 더 많은 것을 얻게 됩니다. 마음의 평화, 새롭고 기발한 식단, 건강은 일부일 뿐이에요. 식물성 식재료로 접시를 채우면 앞으로 멋진 일이 생길 겁니다.

이 채식 입문서는 채식주의자가 늘 갖춰두면 좋은 식재료, 요리의 기초, 육식주의자가 주류인 세상에서 채식주의자로 살아가는 법을 다룹니다. 포만감을 주는 채식 식단과 허기를 달래는 법도 알려줍니다. 당신은 앞으로 낯선 식재료와 향신료를 사랑하게 될 것입니다. 건강을 챙기면서 생명을 존중하고, 더 나은 삶을 산다는 만족감도 들 테고요.

아직 '제대로 해내는 데' 집중하지 않아도 됩니다. 당신과 자신의 몸을 위해 더 나은 선택을 하는 데 초점을 맞추세요. 채식주의자가 되는 과정은 분명히 즐거울 테니 걱정하지 마세요.

그럼, 이제 채식 모험을 시작해봅시다!

〈차례〉

요리하기

채식주의자로 살기

부록

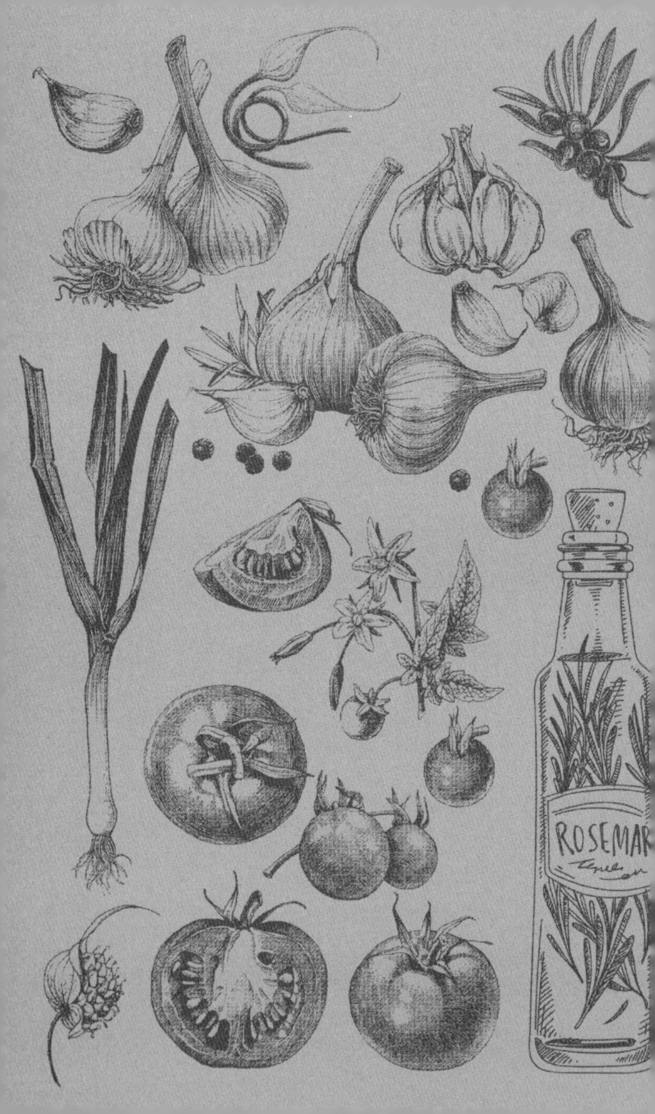
ROSEMAR

시작하기 전에

채식 용어

채식주의를 처음 접하는 사람이라면 낯선 요리, 식재료, 용어가 이제야 눈에 들어오기 시작할 거예요. 들어본 적은 있지만 정확한 뜻은 모를 수도 있고요. 채식하는 사람들이 흔히 쓰는 몇 가지 용어를 설명해드릴게요.

고기 안 먹는 월요일meatless Mondays 월요일은 채식해서 고기 소비를 줄이자는 국제 운동이에요. 현재 많은 식당에서 '고기 안 먹는 월요일'을 위한 특별 메뉴를 제공한답니다. 아직 채식주의에 뛰어들 준비가 되지 않았다면, 고기 안 먹는 월요일에 동참해 맛있는 채식 요리를 경험해보세요.

글루텐 프리 글루텐 프리 음식은 채식과 아무 상관이 없어요. 그러나 식당에서 채식 메뉴를 찾으면 웨이터가 글루텐 프리 메뉴를 추천하기도 하죠. 당황하지 마세요. 웨이터에게 당신이 무엇을 먹고, 무엇을 먹지 않는지 차분히 알려주면 되니까요.

두부 대두유를 굳혀서 생긴 응고물이에요. 동아시아 식품점에 가면 액체에 담긴 두부, 단단한 두부, 연두부나 말린 두부, 동글동글한 두부, 납작한 두부, 실처럼 가느다란 두부 등 다양한 두부를 만날 수 있어요.

락토 오보 베지테리언lacto ovo vegetarian 유제품lacto, 달걀ovo, 식물vege은 먹지만 동물은 먹지 않아요.

로 푸드(생식)raw 조리하지 않고 거의 가공하지 않은 음식을 먹는 거예요. 일반적으로 건강을 위해 생식을 합니다. 생식이 채식과 동의어는 아니에요. 생식을 가벼운 유행으로 치부하는 사람도 있어요. 다만 생식 전문 식당에는 채식 요리 메뉴가 대부분입니다.

미소 콩을 발효해서 만든 달콤하고, 시큼하고, 짭짤하고, 고소한 장이에요. 일본에서는 미소 종류가 고급 치즈만큼 다양해요. 전통 요리에 국물 내는 데 사용하고, 소스나 절임, 양념 재료로 활용하기도 좋아요.

비거니즘veganism 식단뿐 아니라 동물에서 유래한 모든 제품을 거부하는 생활양식을 가리켜요. 소고기, 돼지고기, 닭고기, 생선, 우유, 달걀, 꿀, 양모, 가죽, 사향, 라놀린 같은 동물의 기름, 동물실험 화장품 등을 소비하거나 동물원에 가지 않습니다.

세이탄seitan '밀고기'라고도 해요. 분자가 결합하도록 충분히 치댄 빵 반죽에서 녹말을 제거하고 남은 단백질(일명 글루텐) 덩어리예요. 고기와 질감이나 식감이 비슷해서 고기 대용으로 사용해요. 프라이팬이 나 오븐에 굽거나 튀겨도 맛있어요.

영양 효모nutritional yeast 치즈와 비슷한 맛이 나는 고소하고, 풍미가 넘치는 노란 알갱이예요. 마트 자연식품 코너에 있어요. '눅nooch'이라고 부르기도 해요. 팝콘에 뿌려 먹거나 되직한 소스에 섞으면 맛과 향이 풍부해지고, 단백질도 보충할 수 있어요.

유부 두유를 끓이면 표면에 얇은 막이 생기는데, 이 막을 튀기면 바삭바삭한 고단백질 껍질이 만들어져요. 물에 불리면 씹는 맛이 좋은 식재료가 되고요. 유부초밥, 유부튀김, 유부조림 등을 만들 수 있어요.

육식주의carnism 사회심리학자 멜러니 조이Melanie Joy가 처음 쓴 용어로, 조이는 고기를 대하는 사람들의 태도가 무의식적으로 답습된 사회적 편견이라고 주장했어요. 웹 사이트 carnism.org에서는 육식주의를 다음과 같이 정의해요. '사람들이 특정 동물을 먹도록 부추기는 눈에 보이지 않는 가치관과 이데올로기. 육식주의는 눈에 보이지 않으므로 사람들은 육식이 선택의 문제라는 점을 인식하지 못한다.'

잡식동물 식단에 특별한 제약을 두지 않는 사람을 말해요. 요컨대 동물과 식물을 다 먹는 사람이죠. 생물학적으로 모든 인간은 잡식동물이에요. 생리학적으로 우리 몸은 동물과 식물에서 영양소를 얻을 수 있기 때문이죠. 다만 채식주의는 어떤 음식을 먹을지 선택하는 것에 관한 문제예요.

종 차별주의speciesism 무의식중에 특정 종의 권리가 우선한다고 믿는 사고방식을 말해요. 대개 인간과 개, 고양이가 다른 종보다 우월하다고 생각합니다. 우리는 이런 선입관 때문에 어떤 종을 상대로는 허용

되지 않는다고 믿는 행위를 다른 동물에게 하는 것을 대수롭지 않게 여기죠. 중국 위린楡林에서 열리는 개고기 축제는 끔찍하다고 말하면서 공장식 축사에서 사육한 돼지가 트럭에 한가득 실려 도살장에 끌려가는 현실은 정상이라고 생각하나요? 그런 생각이 바로 종 차별주의의 예입니다.

채식주의자 동물을 먹지 않는 사람이에요. 소고기, 양고기, 돼지고기, 닭고기, 오리고기, 개고기, 생선 등 모든 고기를 식단에서 배제합니다. 채식하는 이유는 환경보호, 개인의 건강, 동물 복지, 종교 등 다양해요.

콩류 콩, 렌틸콩,[1] 완두콩 등이 속한 콩과 식물의 열매

---

1 지중해 연안이 원산지인 콩으로, 채식주의자에게 중요한 식물성 단백질 공급원 역할을 한다.

를 가리키는 말이에요. 풋강낭콩, 병아리콩, 렌틸콩 등 거의 모든 콩 종류가 포함돼요. 다만 지방 함량이 훨씬 많은 대두와 땅콩은 포함되지 않아요.

퀴노아 영양소가 풍부하면서 열량은 낮은, 포슬포슬한 씨앗이에요. 페루가 원산지로, 조리법은 쌀과 비슷해요. 필래프[2]를 해 먹으면 아주 맛있답니다.

템페tempeh 대두를 쪄서 발효한 인도네시아의 고단백질 음식으로, 고소한 맛이 나요. 가도가도,[3] 페셀,[4] 타후[5] 템페 같은 인도네시아 전통 요리의 주재료입니

---

2 쌀에 버터, 양파 등 다양한 재료와 향신료를 넣고 볶은 뒤 찐 일종의 볶음밥.

3 인도네시아 전통 샐러드.

4 인도네시아 자바식 전통 샐러드.

5 인도네시아 두부.

다(인터넷에서 레서피를 검색해보세요). 프라이팬에 구워서 햄버거 빵에 끼워 먹어도 아주 맛있어요. 베이컨처럼 얇게 썰어서 튀겨 먹기도 해요.

페스코 베지테리언pesco vegetarian 육류는 먹지 않지만, 우유나 달걀, 어류와 갑각류 등은 먹는 사람이에요.

프리건freegan 동물 유래 제품을 생산하는 데 금전적 동기를 부여하는 구매 행위는 하지 않지만, 이미 생산되어 폐기 처분될 수밖에 없는 고기나 동물성 제품은 소비하는 사람이에요. 이들은 대개 생태 보존을 우선순위에 두고 제로 웨이스트를 추구해요.

플렉시테리언flexitarian 가능하면 채식을 하지만 융통성 있게 실천하는 사람을 말해요. 플렉시테리언은 대부분 육식을 완전히 끊기보다 줄이는 쪽을 선택해요.

VB6 '6시까지 채식vegan before six'의 약자입니다. 아침과 점심은 채식하고, 저녁은 식단에 제약을 두지 않는 거죠. 이를 변형해서 '5:2 채식'을 실천하는 사람도 있어요. 주중 5일은 채식을 하고, 주말에는 고기도 먹는 방법이에요.

veg*n 비거니즘과 채식주의를 아우르는 용어예요. 인터넷 검색을 할 때 *가 포괄 값으로 쓰인다는 점에 착안했어요.

채식 클럽 회원이 자랑스러운 이유

고기 대신 그에 못지않게 맛있는 음식을 먹는 것만으로도 생명을 구하고, 물을 아끼고, 온실가스 배출량을 줄이고, 심혈관 계통의 부담을 덜 수 있어요. 이 책을 다 읽을 무렵에는 채식해서 포기하는 것보다 얻는 것이 훨씬 많다는 사실을 알 수 있을 거예요. 새로운 요리, 아직 먹어본 적 없으나 곧 당신이 가장 좋아할 요리, 더 나아가 공동체 의식까지! 이제 채식주의자가 알아두면 도움이 될 만한 정보와 자료를 살펴봅시다.

동물을 위해 아주 멋진 일을 하고 있어요

채식을 실천하면 얼마나 많은 생명을 구할 수 있을까요? 미국인을 예로 든 추정치지만, 해마다 100~500마리의 목숨을 구한다고 보면 됩니다. 데이터 과학자 하리시 세투Harish Sethu가 연구한 결과에 따르면, 인간이 먹으려고 죽이는 가축과 그 가축을 먹이기 위한 작물 경작, 어업 과정에서 죽는 '부수적 피해' 동물까지 포함하면 채식주의자 한 사람이 하루에 적어도 한 마리는 더 구할 수 있습니다. 1년이면 적어도 350마리를 구할 수 있고, 그중 25마리는 소와 돼지, 양, 닭일 것입니다.

미국 농무부 통계에 따르면, 2015년에 거의 90억 마리나 되는 닭을 농무부가 감독하는 도축장으로 보냈습니다. 미국 인구가 3억 2000만 명이니까 미국인 한 명이 해마다 닭을 25마리 이상 죽이는 셈이죠. 다른 동물을 살펴볼까요? 해마다 소 2900만 마리, 송아지 45만 마리, 돼지 1억 1500만 마리, 양 200만 마리, 칠면조 2억 3000만 마리, 오리 2800만 마리가 도축장으로 끌려갑니다.

스무 살부터 계속 채식을 실천하면 은퇴할 무렵에는 적어도 1000마리가 넘는 가축의 목숨을 구할 수 있습니다.

당신의 건강을 위해 아주 멋진 일을 하고 있어요

채식하면 당연히 많은 가축의 목숨을 구할 수 있지만, 채식은 우리 건강에도 좋아요.

수명이 늘어납니다

식물성 식단과 사망률 감소가 밀접한 관련이 있다는 연구 결과는 많습니다. 특히 심혈관 계통과 대장 관련 질환으로 사망할 확률이 낮아집니다. 영국과 오스트레일리아에서는 일부 생명보험회사가 채식주의자에게 더 낮은 보험료를 적용합니다.

심장의 부담을 덜어줍니다

식물성 식재료에는 콜레스테롤이 없습니다. 채식주의자의 식단은 대부분 식물성 식재료를 사용하죠. 실제로 육식은 심장 질환이 발생할 확률을 높이는 것으로 알려져 있어요. 채식하면 당신의 동맥이 아주 고마워할 거예요!

콩류는 우리 몸에 좋습니다

채식하면 아무래도 콩류를 많이 먹습니다. 콩류는 단백질과 식이 섬유가 풍부하고, 철분이 같은 양의 스테이크만큼 들었습니다.

'무지개 식단'을 지킬 수 있습니다

'무지개 식단'은 매일 다채로운 색깔 과일과 채소로

접시를 채우는 것을 의미하는 유행어예요. 다채로운 색깔 식단을 지키면 다양한 영양소를 섭취할 수 있어요. 이를테면 미량영양소micronutrient, 베타카로틴과 리코펜 등 식물에서 얻는 파이토케미컬도 섭취할 수 있습니다.

감각이 살아납니다

매끼 무엇을 먹는지, 그 음식을 먹으면 몸 상태가 어떤지 관심을 쏟으면 당신의 몸과 마음에 도움이 됩니다. 대중 심리학자들은 이를 '마음 돌봄 식사'라고 부릅니다. 신중한 음식 선택을 응원합니다!

몸에서 불량한 물질을 쫓아냅니다

먹이사슬 위쪽으로 올라갈수록 오염 물질이 더 축적되는 경향이 있어요. 세계보건기구WHO는 가공육을 발암물질로 규정하고, 붉은 고기도 발암물질로 추정된다고 밝혔죠. 채식하면 그런 해로운 물질이 몸에 들어올까 봐 걱정하지 않아도 돼요.

자신을 자랑스럽게 여길 수 있습니다
잔인한 행위와 무관한 식단을 실천해서 얻는 마음의 평안과 심리학적 이점을 과소평가하지 마세요. 잠시 멈춰서 자부심을 느끼고, 자랑스러운 티를 팍팍 내도 좋아요. 우리만의 비밀로 해드릴게요!

환경을 위해 아주 멋진 일을 하고 있어요

최근 옥스퍼드대학교에서 발표한 연구 결과에 따르면, 전 세계인이 식물성으로 식단을 바꾸면 2050년까지 농업 관련 온실가스 배출량을 29~70% 줄일 수 있다고 합니다. 시카고대학교의 연구에 따르면, 환경적인 측면에서 미국인이 고기 소비를 20% 줄이는 것이 모든 미국인의 자가용을 전기자동차로 바꾸는 것과 같은 효과를 낸다고 합니다.

비건 계산기에 따르면, 완전 채식을 실천하는 사람은 매일 동물 한 마리의 목숨을 구하는 외에 다음과 같은 일을 하는 것으로 추산합니다.

- 이산화탄소 배출량 9kg 줄이기
- 숲 2.8m² 구하기
- 곡식 18kg 아끼기
- 물 4160ℓ 아끼기

재정적으로 아주 멋진 일을 하고 있어요

정부 보조금을 거절합니다

미국에서는 농무부의 보조금으로 해마다 세금 수백만 달러가 공장식 축산업에 들어가 억지로 고기 값을 낮추고 있습니다. 당신이 지불할 식비를 다른 납세자에게 떠넘기지 마세요!

병원에 갈 일이 줄어듭니다

식단에 관심을 가지고 영양분을 골고루 섭취하고, 가능하면 가공되지 않은 과일과 채소, 콩류로 접시를 채우고, 콜레스테롤과 발암물질이 많이 든 음식을 먹지 않으면 의료비를 아낄 수 있어요.

지갑이 얇아지지 않습니다

렌틸콩 450g은 1.50달러예요. 소고기 450g을 사려면 4달러가 필요하죠. 이것만 봐도 충분히 알 수 있어요. 채식해서 아낀 돈은 저축하세요. 좋은 트러플 오일과 비건 베이컨을 사는 사치를 부려도 좋아요.

ROSEMAR

영양

단백질 개론

채식주의자들이 가장 많이 받는 질문은 "그래도 단백질은 먹어야 하지 않나요?"입니다. 이 질문에 답하고 우리 몸에 필요한 에너지를 충분히 확보하려면, 생화학에 대해 알아둘 필요가 있습니다.

우리 몸은 다음 세 가지 다량영양소macronutrient에서 열량을 얻습니다(kcal는 열량을 나타내는 단위예요).

- 탄수화물(1g당 4kcal)
- 단백질(1g당 4kcal)
- 지방(1g당 9kcal)

우리 몸이 일상생활을 하는 데 필요한 에너지를 날

마다 일정하게 공급하는 것이 좋습니다. 그보다 많이 섭취하면 체중이 늘고, 그보다 덜 섭취하면 체중이 줄죠. 대다수 사람은 매일 2000kcal 정도를 소모합니다. 물론 이 숫자는 나이와 성별, 신체 활동 수준에 따라 다릅니다.

세 가지 다량영양소는 거의 모든 음식에 들었습니다. 그 외에 비타민, 미네랄, 오메가 지방산, 파이토케미컬 같은 미량영양소도 들었어요. 이 모든 영양소를 골고루 포함해야 균형 잡힌 식단이라고 할 수 있는데, 특히 사람들은 채식하면 단백질을 충분히 섭취하지 못하는 건 아닌지 걱정합니다. 체중 1kg당 단백질 1~1.5g을 섭취하도록 노력하세요(임산부나 운동선수는 단백질을 이보다 많이 섭취해야 할 수도 있어요. 의료 전문가와 상담하고, 52~56쪽도 참고하세요).

단백질은 우리 몸의 거의 모든 조직, 그중에도 근육조직을 구성하는 물질입니다. 단백질은 더 작은 아미노산으로 구성됩니다. 신체 조직을 만드는 데는 약

20개 필수아미노산이 필요합니다. 우리 몸은 그중 절반 정도만 체내에서 만들 수 있기 때문에, 나머지는 음식으로 섭취해야 합니다. 24시간 안에 필수아미노산을 전부 얻었을 때 완전단백질을 섭취했다고 말합니다. 우리 몸을 구성하는 조직을 합성하는 데 필요한 모든 물질이 마련된 거죠. 우리 몸이 이토록 정교한 단백질 생산 공장이라니 놀랍지 않나요?

대두와 퀴노아는 완전단백질 식품입니다. 일부 아미노산을 포함하는 두 가지 음식을 짝 지어 완전단백질을 섭취해도 됩니다. 예컨대 곡물류와 콩류를 함께 먹으면 따로따로 먹을 때 부족한 아미노산을 보충할 수 있어요. 아미노산을 보충할 수 있는 음식을 매일 짝 지어 완전단백질을 확보하세요.

완전단백질 일람표

A 항목 | 곡물류

밀	빵, 파스타, 시리얼, 밀알, 도넛
귀리	통귀리, 오트밀, 그래놀라,[6] 케이크
쌀	흰쌀밥, 현미밥, 흑미밥, 떡, 필래프, 쌀가루, 강정, 죽
기장	기장밥, 샐러드 재료, 기장과 퀴노아를 1:1 비율로 만든 필래프, 빵 반죽 재료
옥수수	찌거나 구운 옥수수, 옥수수 반죽으로 만든 음식, 샌드위치 속 재료, 호미니,[7] 토르티야, 옥수수빵, 폴렌타,[8] 옥수수 과자
기타 곡물	테프,[9] 아마란스,[10] 메밀, 카무트[11] 등

A 항목과 B 항목 식품을 함께 먹으면 완전단백질을 섭취할 수 있습니다.

B 항목 | 콩류

콩	붉은강낭콩, 병아리콩, 녹두, 까치콩, 카넬리니콩, 검은강낭콩, 으깬 콩 요리, 구운 콩 요리, 팔라펠[12]
완두콩	노란 완두콩, 초록 완두콩, 통조림 콩, 완두콩 수프, 고추냉이 맛 완두콩 과자
렌틸콩	갈색 렌틸콩, 붉은 렌틸콩, 프랑스식 렌틸콩 샐러드, 튀긴 렌틸콩, 포파덤,[13] 달,[14] 라삼,[15] 미시르 왓[16]
견과류와 종실류	땅콩, 아몬드, 캐슈너트, 헤이즐넛, 밤, 해바라기 씨, 참깨, 땅콩버터, 타히니[17]

6 곡물류, 말린 과일, 견과류 등을 설탕이나 꿀, 오일과 섞어 오븐에 구운 시리얼.

7 껍질을 벗기고 거칠게 부순 옥수수 알갱이.

8 끓는 물에 옥수숫가루를 넣고 끓인 이탈리아 요리.

9 에티오피아 고원 지대에서 자라는 벼과 곡물. 에티오피아와 에리트레아의 전통 빵인 인제라의 주원료로 쓰인다.

10 고대 잉카제국에서 퀴노아와 함께 재배한 곡물. 글루텐이 없고, 다른 곡류에 비해 단백질 함량이 높다.

11 고대 이집트에서 재배한 호라산 밀의 한 종류.

12 병아리콩이나 누에콩을 다진 마늘이나 양파, 고수 씨와 잎, 파슬리, 커민과 함께 갈아 만든 반죽을 둥글게 빚어 튀긴 음식. 서아시아에서 주로 간식이나 애피타이저로 먹는다.

13 동남아시아 지역에서 흔히 카레와 함께 먹는 얇고 바삭한 빵.

14 마른 콩류에 향신료를 넣고 끓인 인도의 스튜.

15 인도 남부 지역의 전통 수프. 타마린드, 칠리 고추, 토마토 등을 넣고 만든다.

16 에티오피아의 렌틸콩 스튜.

17 껍질 벗긴 참깨를 곱게 갈아 만든 페이스트.

세계에서 찾은
완전단백질 조합 16가지

간략하게 복습하자면, 우리 몸은 놀랍게도 24시간 안에 섭취하기만 하면 그런 아미노산을 모아 완전단백질을 만들 수 있습니다. 그런데 한 끼 식사로 필수아미노산을 전부 섭취할 순 없을까요? 수천 년 동안 고기를 쓰지 않고도 완전단백질을 공급하는 맛있는 요리를 만들어 먹은 나라나 지역이 많습니다. 그런 조합을 활용한 레서피가 인터넷에 넘쳐납니다.

인도 달, 바스마티 쌀

일본 낫토(발효 대두), 자포니카 쌀

중국 쿵파오 두부

인도네시아 삼발 고렝 템페(칠리 고추와 샬롯을 넣어 만든 소스를 곁들인 대두 부침)

서아시아 모자다라(달콤하게 볶은 양파와 렌틸콩을 곁들인 밥이나 찐 불구르[18])

동아프리카 인제라[19]와 시로(병아리콩 스튜)

중앙아시아 호두나 피스타치오를 곁들인 풀라오(쌀로 만든 필래프)

---

18 발아한 밀을 쪄서 말린 다음 빻은 가루.

19 에티오피아 고원 지대에서 자라는 테프라는 곡물의 가루로 만든 아프리카 전통 빵. 둥글납작하다.

이탈리아 카넬리니콩, 쌀, 에스카롤[20] 수프

폴란드 완두콩 수프와 호밀빵

서아시아 후무스[21]와 피타[22]

쌀과 녹두 콘지(중국식 쌀죽) 혹은 코코넛 향이 나는 달콤한 파야르 칸지(인도식 쌀죽)

중앙아메리카 핀토콩으로 만든 프리홀레스 레프리토스[23]를 곁들인 토스타다[24]

---

20 꽃상추의 일종. 잎이 넓고, 약간 쓴맛이 난다.

21 삶은 병아리콩을 으깨서 만든 퓌레.

22 이스트를 넣지 않고 둥글납작하게 만든 빵 혹은 이 빵으로 만든 샌드위치.

23 멕시코의 콩 요리. 익힌 콩을 기름에 튀긴 다음 으깨서 만든다.

카리브해 검은강낭콩 수프와 쌀밥

베트남 간장 소스 국물에 끓인 세이탄 찜

모로코 병아리콩을 곁들인 쿠스쿠스[25]

서아프리카 마페(땅콩과 채소를 넣은 스튜)와 기장밥

---

24 굽거나 튀긴 토르티야에 으깬 콩, 구아카몰레 등을 올린 라틴아메리카 요리.

25 밀가루를 손으로 비벼서 만든 좁쌀 모양 알갱이 혹은 여기에 고기나 채소 스튜를 곁들여 먹는 북아프리카의 전통 요리.

필수영양소

로베르타 이모의 돼지고기구이를 거절한 순간부터 이모가 단백질을 충분히 섭취하지 못할 거라고 잔소리하며 나무라나요? 절대 걱정할 필요 없습니다! 계획을 짜고 상식을 발휘하면 채식만으로도 우리 몸에 필요한 비타민과 미네랄을 전부 섭취하고 건강을 지킬 수 있습니다. 특히 신경 써야 할 영양소에 대해 알아보겠습니다.

칼슘

칼슘은 뼈를 만들고 신경계를 보조합니다. 미국식품의약국FDA은 칼슘을 청소년은 매일 1300mg, 50세

이상 여자는 1200mg, 성인 남자와 50세 미만 여자는 1000mg 섭취하도록 권장합니다. 사람들은 칼슘이라면 흔히 유제품을 떠올리지만, 까치콩이나 브로콜리, 진한 초록색 잎채소, 참깨와 타히니, 강화 식물성 우유, 강화 오렌지 주스도 칼슘이 풍부해요. 칼슘 흡수를 돕는 비타민 D와 마그네슘도 충분히 섭취하세요.

비정제 지방

아보카도, 카놀라유, 올리브유, 견과류 같은 비정제 지방은 우리 몸에 아주 좋습니다. 불포화지방은 적당히 먹으면 콜레스테롤 수치를 조절하는 데 도움이 되고, 다음 식사 시간까지 배를 든든하게 채워줍니다.

철분

철분은 혈액이 열량 소모에 필요한 산소를 운반하는 것을 돕습니다. 철분이 부족하면 빈혈이 생기므로, 충분히 섭취해서 건강을 유지해야 합니다. 철분은 성장과 발달에도 중요한 영양소입니다. FDA는 철분을 생리하는 여자는 매일 18mg, 성인 남자와 생리하지 않는 성인 여자는 8mg 섭취하도록 권장합니다.

콩과 진한 초록색 잎채소에 든 철분은 생체 이용률이 높습니다(이런 음식에 있는 철분이 우리 몸에 잘 흡수된다는 뜻이에요). 블랙스트랩 당밀(폐당밀), 코코아 분말, 자두, 건포도, 캐슈너트, 해바라기 씨, 호박씨도 철분이 풍부합니다. 여기에 레몬즙이나 토마토소스 1큰술 등 비타민 C 함량이 많은 음식을 더하면 철분 흡수율이 높아집니다.

오메가3 지방산

오메가3지방산은 심혈관 계통과 신경 계통의 건강을 유지하는 데 필요한 영양소입니다. 아마 씨 분말, 아마유, 치아시드, 카놀라유, 대두 제품, 대마 씨, 호두는 오메가3지방산의 일종인 알파리놀렌산의 훌륭한 공급원이니 매일 조금씩 섭취하세요. 호두 2.5개 혹은 대마유나 치아시드 2작은술 혹은 아마유 1큰술이면 충분합니다. 채식하면 DHA, EPA 같은 고도 불포화 오메가3지방산이 부족할 수 있으니, 해조류에서 추출한 원료로 만드는 DHA · EPA 보조제를 복용하는 것이 좋아요.

단백질

단백질은 우리 몸의 모든 조직에 있는 영양소입니다. 우리 몸의 성장과 보전을 돕고, 근육의 힘을 키우는 데 중요한 역할을 합니다. FDA는 매일 2000kcal를 소모하는 성인에게 단백질 50g을 섭취하도록 권장합니다.

단백질이라고 하면 흔히 고기나 달걀 등을 떠올리지만, 코끼리와 고릴라, 경주마 등은 식물에서 단백질을 공급받습니다. 우리 인간도 그렇게 할 수 있어요! 이에 대해서는 '단백질 개론'(34~36쪽)에서 자세히 다뤘습니다.

비타민 B_{12}

비타민 B_{12}는 신경세포와 적혈구 형성을 돕는 중요한 영양소입니다. 이 영양소는 채식만 해선 결코 얻을 수 없습니다. 비타민 B_{12} 결핍으로 우울증이나 빈혈 같은 증상이 나타난 뒤에는 돌이킬 수 없는 경우가 많으니 조심해야 해요.

다행히 비타민 B_{12} 보조제는 값이 싸고 구하기도 쉽습니다. 미국국립보건원NIH은 성인에게 비타민 B_{12}를 매일 2.4㎍ 섭취하도록 권장합니다. 비타민 B_{12}는 과다 섭취를 걱정하지 않아도 되는 영양소이므로, 보조제로 매일 500㎍을 섭취하세요.

비타민 D

우리 몸이 칼슘을 흡수하는 것을 돕는 비타민 D는 매일 600IU(이것이 칼슘의 국제단위라고 해요)를 섭취하는 것이 좋습니다. 매일 햇볕을 쬐는 동안 우리 몸에서 일정량을 스스로 만들지만, 버섯이나 강화 주스, 식물성 우유, 보조제를 통해 섭취해도 됩니다. 채식하면서 보조제 구입을 고려하고 있다면 일반적으로 D_2 보조제는 식물에서 추출한 재료를, D_3 보조제는 양의 축산 부산물인 라놀린에서 추출한 재료를 사용한다는 점에 주의하세요.

균형 잡힌 식단을 위한 일반적인 조언

- 가능하면 가공하지 않은 식품을 먹고, 단백질을 충분히 섭취해요. 다양한 콩과 곡물, 채소를 선택해서 매일 다른 것을 먹어요.
- 영양사나 영양학 교육을 받은 의사와 상담해요.
- 몸이 보내는 신호에 귀 기울이고, 무엇을 먹을 때 컨디션이 좋아지는지 기억하세요. 단순히 먹는 순간에 기분이 좋아지는 음식이 아니라, 먹고 2~3시간이 지나서 기분이 좋아지는 음식을 찾아보세요.

- 케일이 먹고 싶으면 케일을 먹어요. 후무스가 먹고 싶으면 후무스를 먹어요. 초콜릿이 먹고 싶으면 초콜릿 케이크를 통째로 먹지 말고, 초콜릿 한 조각을 천천히 음미하면서 먹어요. 요컨대 자신에게 조금 너그러워지세요!

채식 식단 피라미드

미국 농무부의 음식 피라미드 가이드를 참고해 균형 잡힌 채식 식단의 기본 구성 요소를 피라미드로 정리했어요.

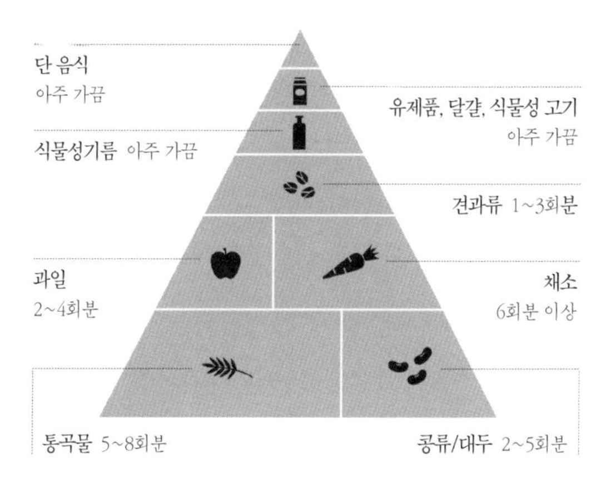

특수한 경우의 채식

채식해서 건강이 나빠질까 봐 걱정되거나, 채식하려고 생활 방식을 바꿔야 하는 것이 신경 쓰인다고요? 걱정하지 마세요! 벌써 많은 채식주의자가 각자의 건강 상태와 생활 방식에 따라 채식에 잘 적응했답니다. 다음과 같은 특수한 식이 조건에 해당한다면 의료 전문가의 조언을 구하세요.

임신 중이거나 수유하는 여성

《Vegan for Her여성을 위한 비건》을 쓴 미국 공인 영양사 버지니아 메시나Virginia Messina는 임신했거나 수유 중이라면 열량 소비가 15~20% 증가한다고 말합니다. 게다가 단백질, 엽산, 비타민 B, 요오드(아이오딘), 철분, 아연 등 일부 영양소를 종전보다 50% 많이 섭취해야 합니다. 수유 중에는 비타민 A · C · D · B_{12}, 오메가3도 충분히 섭취해야 합니다.

운동선수

운동선수라면 열량을 충분히 섭취하는 것이 가장 중요합니다! 소모한 에너지(열량)만큼 다시 채워야 합니다. 근육을 구성하는 단백질을 충분히 섭취하고, 혈액이 산소를 잘 공급할 수 있도록 콩류와 진한 초록색 잎채소 등 철분 함량이 많은 음식을 드세요. '고기 안 먹는 운동선수No Meat Athlete' 블로그, 웹 사이트 vrg.org의 '운동선수' 항목, 스콧 주렉Scott Jurek[26]과 브

---

26 미국의 세계적인 울트라마라톤 선수 출신 저술가. 채식주의자로 유명하다.

렌든 브레이저Brendan Brazier[27]처럼 지구력이 중요한 종목의 운동선수로 생활하면서 채식을 실천하는 이들이 쓴 책을 참고하세요.

청소년

청소년이 성인보다 많은 열량을 소모하기도 합니다. 단백질, 철분, 칼슘, 비타민 B_{12} · D, 아연 같은 영양소를 충분히 섭취해야 합니다. 웹 사이트 eatright.org에서 채식하는 청소년을 위한 자료를 찾아보세요.

부모

자녀를 채식주의자로 키우고 있나요? 채식에 대한 지식이 풍부하고 채식주의를 지지하는 소아과 전문

---

27 캐나다의 세계적인 철인삼종경기 선수 출신 저술가. 역시 채식주의자로 유명하다.

의를 찾으세요. 인터넷에서 채식 친화적인 의사를 검색하고, 그의 이력을 꼼꼼히 살펴보세요.

자녀도 독립된 인격체입니다. 집 밖에서는 식단을 스스로 선택할 자유를 주세요. 가족과 함께 채식을 선택한 이유를 허심탄회하게 이야기하세요. 이때 자녀의 선택권을 인정하고 존중한다는 것을 느끼게 해줘야 해요. 자녀가 궁금해하면 채식 요리를 만드는 법과 채식 식단 짜는 법을 알려주세요.

노인

나이 들수록 열량 소모가 줄고, 영양소 흡수율도 떨어질 수 있어요. 영양소가 풍부한 음식을 드세요. 필요하다면 의사에게 보조제를 추천받으세요. 골다공증을 예방할 수 있도록 칼슘을 충분히 섭취하세요. 아몬드, 타히니, 대두, 말린 무화과, 브로콜리, 케일, 청경채, 우유(유제품, 칼슘 강화 식물성 우유)는 모두 훌륭한 칼슘 공급원입니다.

반려동물

신중하게 결정하세요! 당신은 자신의 가치관에 따라 여러 가지를 고려하고, 몸에도 좋다고 생각해서 채식을 선택했을 겁니다. 동물의 생명을 존중하는 마음도 있었을 겁니다. 당신과 함께 사는 동물은 선택권이 없습니다. 가축을 배려하듯이 당신의 반려동물을 배려하세요. 육식동물과 기타 동물의 차이를 정확히 알아야 해요.

• 고양이는 육식동물입니다. 채식으로 건강하게 지낼 수 없습니다.

• 개는 인간처럼 완전 채식을 하면서도 건강하게 지낼 수 있습니다. 그러나 신중하게 식단을 짜야 합니다. 당신의 반려견에게 채식 식단을 적용하고 싶다면 반드시 믿을 만한 수의사와 먼저 상의하세요.

ROSEMAR

채식
부엌
만들기

찬장에 채워야 할 식재료

식료품 저장고, 냉동고, 냉장고를 잘 채워두면 주중 저녁 식단을 짜고 장보기가 쉽습니다. 명심하세요. 장바구니에 들어가는 것이 당신 몸에 들어갑니다. 그러니 무엇을 살지 신중하게 결정하고 장보기 목록을 적어두세요.

건조식품

- 콩류 2~3가지
- 곡물류 2~3가지
- 견과류 2~3가지(견과류 알레르기가 있다면 종실류로 대체하세요) : 요리 장식용과 간식용
- 땅콩버터(견과류가 들어가지 않은 해바라기 씨 버터도 있어요)

- 타히니(볶은 참깨로 만들면 더 맛있어요)
- 간장 혹은 타마리[28]
- 모양이 다양한 건조 파스타 2~3상자
- 베이킹용 밀가루(강력분)
- 설탕, 기타 단맛이 나는 양념류
- 통조림 토마토 : 으깬 토마토, 자른 토마토, 토마토 페이스트
- 카레에 넣을 코코넛 밀크 통조림, 가끔 디저트 대신 먹을 스무디나 밀크셰이크
- 진공 포장된 식물성 우유(유제품 대용)
- 채수(각종 채소를 끓인 물)
- 감칠맛 내는 재료
  - 햇볕에 말린 토마토
  - 말린 버섯

28 일본 간장.

- 영양 효모
- 검은콩 메주

• 훈연한 맛과 향을 내는 재료
- 치파틀 고추[29] : 간 것, 말린 것, 소스에 절인 통조림
- 훈연액
- 훈연 파프리카 가루

• 아시아 조미료와 맛장 : 태국식 레드 커리 페이스트, 삼발 올렉,[30] 스리라차,[31] 고추장, 하이센장[32]

• 살사(소스를 뜻하는 스페인 말)와 핫 소스

• 기름 2~3가지 : 요리용 기름, 카놀라유나 채유처럼 독특한 맛과 향이 없는 기름, 샐러드 소스나 볶음 요리 마

---

29 향이 강한 멕시코산 고추.

30 인도네시아의 매운 소스. 고추, 식초, 마늘, 소금이 주재료다.

31 타이식 칠리소스. 매운 고추, 식초, 설탕, 소금 등을 넣어 만든다.

32 대두, 고구마, 향신료 등을 넣어 짭짤하고 매콤하고 달콤한 중국식 소스.

지막에 넣을 고급 기름

- 식초 2~3가지 : 레드와인식초, 사과식초, 흑초(중국 음식), 발사믹 식초(이탈리아 음식) 등
- 당신이 가장 좋아하는 요리에 사용하는 향신료(몇 가지 말린 허브와 향신료를 갖추고 필요할 때마다 보충하세요)
- 디저트와 간식류 : 토르티야 칩, 크래커, 떡, 초콜릿, 그래놀라 바, 쿠키, 고추냉이 맛 완두콩, 팝콘 등

냉장고, 브레드 박스

- 신선한 과일과 채소
- 빵
- (달걀을 먹는다면) 동물 복지 인증 달걀
- (두부 요리를 할 계획이 있다면) 신선한 두부
- 국, 소스, 드레싱에 쓸 미소
- (유제품을 먹는다면) 유제품

냉동고

- 두부(단단한 두부를 2.5cm 주사위 모양이나 두께 1cm로 썬 뒤 플라스틱 용기에 담아 냉동하세요)
- 템페
- 다진 마늘(통마늘 3~4개를 갈아 비닐봉지에 넣고 얇게 펴서 냉동하면 볶음이나 국 요리를 만들 때 필요한 만큼 잘라 쓰기 편리해요)
- 생허브(신선할 때 다진 다음 비닐봉지에 넣어 냉동하세요)

이 모든 훌륭한 식재료를 일주일 동안 어떻게 쓰면 좋을지 아이디어를 얻고 싶다면 '일주일 식단 예시'(111~118쪽)를 참고하세요.

주요 채소 목록

채소를 구입하고 요리하는 것이 익숙지 않다면 싱싱한 배추와 시든 배추를 구별하는 법조차 모를 수 있어요. 배추를 샀는데 어떻게 해야 할지 모를 수도 있고요. 다음은 슈퍼마켓에서 신선한 상태로 구하기 쉽고, 맛있는 요리를 만들 수 있는 주요 채소 목록이에요. 신선한 채소를 고르는 법도 설명할게요.

아보카도

나무에서 자라는 버터라고 생각하면 돼요. 잘 익은 아보카도는 살짝 쥐었을 때 조금 들어가되, 물컹하지 않아요. 얇게 썰어서 멕시코 음식이나 중앙아메리카 음식에 얹으세요. 으깨서 소금 약간과 레몬주스 몇 방울을 넣고, 구운 빵에 발라 먹어도 맛있어요.

브로콜리

노란 반점이 없고 전체적으로 초록색인 것을 고르되, 꽃 부분에 끈적한 액체가 없어야 해요. 그대로 먹어도, 데치거나 볶아 먹어도 맛있어요.

배추

원산지가 어디든 잎이 빽빽하고 단단하고 아삭아삭하고, 시든 부분이 없는 배추를 고르세요. 볶거나 국에 넣어도 좋지만, 되도록 남김없이 쓰세요. 남은 배추를 보관했다가 먹으면 맛이 떨어져요.

당근

물이 생기지 않았으면 괜찮아요! 막대 모양으로 잘라서 땅콩버터나 후무스, 드레싱에 찍어 먹으면 훌륭한 간식이 돼요. 셀러리, 양파와 함께 끓여서 수프 베이스로 사용해도 좋아요. 올리브유와 소금을 약간 넣고 버무려서 오븐에 구워도 맛있어요.

셀러리

단단하고 아삭아삭한 것을 고르세요. 막대 모양으로 잘라 소스에 찍어 먹으면 간식으로 좋고, 당근과 양파와 함께 끓이면 수프 베이스로 좋아요(미식가인 척하고 싶을 때는 이것을 미르푸아[33]라고 부를 수 있겠죠).

케일과 콜라드

초록색 잎채소는 아삭아삭하고 색이 진해야 해요. 물렁거리거나 누러면 신선도가 떨어진 상태예요. 요리 전에 가운데 잎줄기는 자르고, 숨이 죽을 때까지 찐

---

33 당근, 양파, 셀러리 등 각종 채소를 깍둑깍둑 썬 것.

다음 소스를 곁들여 먹어요. 60초 동안 데쳐서 물기를 없애고, 마늘과 올리브유를 넣어 볶은 뒤 레몬주스 몇 방울을 뿌려 먹어도 좋아요.

버섯

촉촉하되 물컹거려선 안 돼요. 브라운양송이버섯이나 크리미니버섯은 양송이보다 맛이 풍부하면서도 그렇게 비싸지 않아요. 그보다 비싼 큰양송이버섯, 잎새버섯, 꾀꼬리버섯, 신선한 표고버섯도 맛있어요. 얇게 썰어 중간 불에서 기름, 다진 양파와 마늘 혹은 샬롯과 함께 볶아 먹어요.

껍질콩

종류와 상관없이 껍질이 연둣빛에, 매끄럽고 아삭해야 해요. 검은 반점이 있을 수 있어요. 볶거나 데쳐서 먹고, 면 요리에 곁들여도 좋아요.

감자와 고구마

단단하면서 싹이 나지 않고, 초록 반점이 없는 걸 고르세요. 오븐에 굽거나, 전자레인지에서 익혀도 돼요.

토마토

신선한 토마토는 여름에만 구할 수 있어요. 되도록 제철에 많이 드세요. 온실에서 1년 내내 재배하지만, 방울토마토와 대추토마토를 제외하면 제철이 아닌 토마토는 먹지 않는 게 좋아요. 토마토가 제철이 아닌 때는 소스나 수프에 통조림 토마토를 쓰세요.

겨울 호박(땅콩호박, 도토리호박)

크기에 비해 무거운 것을 고르세요. 껍질은 매끄럽고 무른 부분이 없어야 해요. 먼저 조심스럽게 반 가르고 씨앗을 없애요. 속에 기름을 채우고 오븐에 부드러워질 때까지 구운 다음 속을 파서 먹어요.

장 보는 법

도시 근교나 시골에 살아도 웬만한 식재료는 슈퍼마켓에 가면 다 있어요. 슈퍼마켓에는 대부분 과일, 채소, 신선한 허브를 진열한 '신선식품' 코너가 있죠. 말린 콩과 통조림 콩, 쌀은 '외국 음식 재료'나 '주식' 코너에 있어요. 향신료는 '베이킹' 코너에, 냉동 채소는 '냉동' 코너에 있고요. 식물성 우유와 콩 요구르트는 '달걀과 유제품' 코너에 있어요. 이따금 식물성 고기와 두부가 진열된 '건강식품' 코너가 있는 상점도 눈에 띄어요. 일반적으로 지역 전문 식료품점에 가면 값이나 제품의 질이 좋아요.

도시에 산다면 건강식품 전문점이나 생활협동조합에서 운영하는 가게, 고급 미식가 식료품점 등 선택지가 더 많을 거예요. 특정 지역 요리에 도전하고 싶다면 수백 년 동안 그 음식을 먹은 사람들이 사는 동네에 있는 가게를 찾아보세요. 식재료가 더 싸고 질도 좋을 거예요. 타히니와 올리브유는 서아시아 음식 전문 식료품점에서, 두부와 볶음 요리 재료는 동아시아 음식 전문 식료품점에서, 인도의 달과 향신료는 남아시아 음식 전문 식료품점에서 구입하세요.

사는 곳이 어디든 농산물 직판장이 있거나 장이 선다면, 기회가 될 때마다 찾아가 그 지역에서 재배하는 제철 채소를 사세요. 근처 슈퍼마켓에 필요한 재료가 없다면 온라인 매장을 이용하세요. 향신료 판매점부터 채식 전문 식료품점까지 식물성 고기를 당일 배송하는 온라인 매장이 있을 거예요.

필요한 만큼 싸게 사는 요령

건조식품은 벌크빈[34]에서 사는 게 가장 좋은 방법이에요. 필요한 만큼, 많이 혹은 적게 살 수 있으니까요. 때로는 포장 제품의 1/3 값에 팔기도 해요. 같은 가게라도 벌크빈이 더 싸답니다! 벌크빈에서 주걱으로 뜨거나 퇴출구를 열어 주머니에 담고, 내용물과 무게가 적힌 라벨을 붙여 계산대로 가져가면 됩니다.

---

34 팔레트 크기의 큰 상자. 이 상자에 상품을 담아놓고 무게별로 덜어 판매한다. 일반적으로 포장된 상품에 비해 싸다. 고객은 정확히 원하는 만큼 살 수 있다.

홀푸즈Whole Foods 전 지점, 여러 생활협동조합 등에서 이런 식으로 살 수 있어요. 최근에는 주요 대형 마트에서도 벌크빈 구매가 가능해요.

일반적으로 벌크빈에서 판매하는 품목

- 통곡물
- 콩
- 렌틸콩
- 밀가루
- 설탕류
- 소금
- 말린 과일
- 견과류
- 간식
- 커피

벌크빈에서 구매한 식품을 보관하는 방법

- 입구가 넓은 유리병에 담아 선반이나 찬장에 두세요. 말린 콩이 담긴 병으로 가득한 선반만큼 아름다운 광경이 또 있을까요?
- 플라스틱 용기에 담아 차곡차곡 쌓아 올리세요.
- 큰 플라스틱 용기는 생활용품 할인점에 있어요.

어떤 용기든 뚜껑이 밀폐되는 걸 고르세요(나방이나 날벌레가 들어가는 걸 막아줘요). 용기 재질은 갉아서 구멍 낼 수 없는 걸 고르세요(쥐가 눈독 들이지 못하도록요). 벌크빈에서 구매한 식품의 요리법은 75~84쪽에 나와요.

말린 콩 요리법

벌크빈에서 식재료를 산 덕분에 돈을 꽤 많이 아꼈어요. 이제 요리할 차례입니다. 걱정하지 마세요. 요리법은 금방 익힐 수 있으니까요. 맛있고 영양 만점인 요리를 손쉽게 만들 거예요.

말린 콩을 요리할 때는 계획을 세워야 합니다. 말린 콩은 요리하기 전에 반드시 물에 불려야 하니까요. 따라서 한 번에 많이 불리고, 남은 콩을 어떻게 쓸지 생각하면 좋아요.

1단계 물에 불리기

최소한 하룻밤은 불려야 한다는 사람도 있고, 요리하

기 전에 잠깐 불리는 것이 간편하면서도 맛에 별 차이가 없다는 사람도 있어요.

하룻밤 동안 물에 담그기 콩이 전부 잠기고도 5cm 이상 남도록 깨끗하고 찬물을 부어 하룻밤 동안 둡니다(적어도 8시간 이상 담가요). 콩이 클수록 오랫동안 불려야 합니다.

뜨거운 물에 잠깐 담그기 냄비에 콩을 담고 물은 콩보다 3배 많이 부어 끓입니다. 물이 끓으면 불을 끄고 뚜껑을 덮은 채 1~2시간 동안 둡니다.

2단계 요리하기

콩을 흐르는 물에 헹궈서 건집니다. 콩보다 3배 많은 물을 담은 냄비에 불린 콩을 넣습니다. 아직 소금이나 신맛이 나는 재료를 첨가하지 마세요(콩 껍질이 질

겨진답니다). 향신료, 허브, 양파, 마늘, 생강, 다시마를 넣으면 콩이 부드럽고 맛도 좋아져요.

물이 끓으면 불을 줄이고 뚜껑을 살짝 걸쳐놔요. 콩이 말랑말랑해질 때까지 삶아요. 일반적으로 아래 표에 있는 시간만큼 삶아야 하지만, 그 시간이 되기 15분 전부터 콩이 잘 삶아졌는지 확인하세요. 보관한 지 1~2년 된 콩은 더 오래 삶아야 해요.

불린 콩을 삶는 데 걸리는 시간

팥	1시간
동부콩	1시간
카넬리니콩	1시간 30분
크랜베리콩	1시간 30분~2시간
병아리콩	2~3시간
흰강낭콩	1시간 30분~2시간
덩굴강낭콩	1시간 30분
렌틸콩	20~30분

리마콩	1시간 30분
녹두	45~60분
네이비콩	1시간 30분
핀토콩	1시간 30분
쪼개서 말린 완두콩	1시간

곡물 요리법

대다수 통곡물에 적용할 수 있는 일반적인 요리법을 알려드릴게요(불구르와 쿠스쿠스 요리법은 81~82쪽에서 다룹니다). 80쪽에 나오는 비율에 따라 곡물과 깨끗한 물을 준비하세요. 바닥이 두꺼운 냄비에 곡물과 소금을 약간 넣고 물을 부어 끓입니다. 물이 끓으면 끓을락 말락 할 정도로 불을 줄이고 곡물을 뒤적입니다. 타이머를 설정하고 뚜껑을 덮습니다. 타이머가 울리기 전에 뚜껑을 열지 마세요! 물이 끓으며 생긴 수증기도 곡물을 익히는 데 한몫하니까요.

곡물 요리의 맛에 변화를 주고 싶다면 물 대신 채수나 당근주스를 써보세요. 말린 허브나 향신료를 넣어도 좋아요.

곡물을 요리하는 데 걸리는 시간

곡물	곡물과 물의 비율	시간
아마란스	1:3	25~30분
보리쌀	1:2.5	45~60분
메밀	1:2	15~20분
기장	1:2.5	30분
퀴노아	1:1.75	12~15분
붉은쌀(앵미)	1:1.5	20분
현미	1:2	45~50분
흑미	1:1.75	30분
자포니카 쌀	1:1.75	15분
백미	1:1.5	15~20분
야생 쌀	1:3	40~45분
밀쌀	1:2	60~90분

불구르와 쿠스쿠스 요리할 때 주의할 점

다른 곡물과 달리 불구르(타불레[35]를 비롯한 샐러드 재료)와 쿠스쿠스(북아프리카 요리의 녹말 공급원)는 조리 과정을 거친 식재료예요. 불구르는 파보일[36]과 건조, 분쇄를 거쳤고, 쿠스쿠스는 아주 작은 파스타라고 생각하면 돼요. 둘 다 금방 익기 때문에 주중 저녁 요리 재료로 쓰면 편리해요.

---

35 서아시아식 샐러드.

36 물을 비롯한 액체에 넣고 재빨리 끓여서 부분적으로 조리하는 방법이다.

불구르 불구르와 물은 1:2 비율로 준비합니다. 작은 냄비에 물을 붓고 끓으면 불을 꺼요. 불구르와 소금을 약간 넣고 저은 다음 곧바로 뚜껑을 덮어요. 그 상태로 20분쯤 있다가 뚜껑을 열어요. 짜잔! 불구르가 끓인 물을 전부 흡수했을 거예요. 포크로 가볍게 저어서 먹으면 됩니다.

쿠스쿠스 쿠스쿠스만큼 요리하기 쉬운 음식도 없을 거예요. 요리에 서툴다면 쿠스쿠스부터 만들어보세요. 쿠스쿠스와 물은 1:1 비율이 적당합니다(건조 쿠스쿠스 1컵을 요리하면 쿠스쿠스 요리 4컵이 생겨요). 컵으로 재료의 양을 잴 때는 마른 재료부터 재야 컵에 재료가 달라붙지 않아요. 작은 냄비에 물을 붓고 끓으면 불을 꺼요. 쿠스쿠스와 소금을 약간 넣고 저은 다음 곧바로 뚜껑을 덮어요. 10분 뒤 뚜껑을 열고 포크로 가볍게 저어서 먹으면 됩니다.

흰쌀밥을 짓는 요령

흰쌀밥을 지을 때 물 조절에 늘 실패한다고요? 완성된 밥이 질거나 되거나 타거나 냄비 바닥에 눌어붙지 않는 요령을 알려드릴게요. 장담하건대 밥 짓기가 파스타 만들기만큼 쉬워질 거예요.

고급 요리를 만들고 싶다면 녹말이 많은 쌀인지, 녹말을 제거한 쌀인지 까탈스럽게 고를 수도 있겠죠. 그러나 평소에 먹을 밥은 일반 흰쌀이면 충분해요.

1. 냄비에 물 3.8ℓ를 붓고 끓입니다. 기다리는 동안 싱크대에 체를 준비합니다.
2. ①에 씻어 불린 흰쌀 1컵을 넣고 바닥에 눌어붙지 않도록 저어줍니다. 물이 다시 끓기 시작하면 타이머를 11분

으로 맞춥니다.

3. 타이머가 울리면 익힌 쌀을 체에 거릅니다. 체를 흔들어 물기를 최대한 없앱니다.

4. ③을 다시 냄비에 넣고 뚜껑을 덮은 다음 5분간 둡니다. 쌀의 온기로 뜸을 들여 밥을 완성합니다.

무엇을 아끼고, 무엇에 돈을 쓸까

채식이 꼭 돈이 많이 드는 것은 아니에요. 언제 지갑을 열고, 언제 닫아야 하는지 알면 매끼 맛있는 식사를 할 수 있어요.

돈을 아낄 수 있는 품목

- 곡물
- 콩
- 벌크빈에서 구매하는 식재료
- 두부
- 당근, 감자, 땅콩호박 등 단단한 채소
- 사과와 배(제철 구입)
- 땅콩버터 : 시판 제품을 사는 대신 직접 만들어보세요!

벌크빈에서 소금을 첨가하지 않고 구운 땅콩을 구입하세요. 믹서로 땅콩 알갱이가 없어질 때까지(5~10분) 갈면 됩니다.

이렇게 아낀 돈으로 다음 품목에 투자하세요

• 신선한 과일과 채소 : 신선한 과일과 채소 고르는 법을 배우고(65~69쪽 참조), 그 재료가 자신이 좋아하는 요리에서 어떻게 쓰이는지 찾아보세요. 동네에 농산물 직판장이나 공동체지원농업[37]을 하는 곳이 있다면 적극적으로 이용하세요.

• 질 좋은 간장, 당신이 좋아하는 양념과 소스를 사는 데 돈을 아끼지 마세요. 아주 적은 양으로도 요리의 완성도가 달라진답니다!

---

37 전 세계적으로 확산되는 로컬 푸드 운동. 소비자와 농업 생산자가 계약을 맺고 소비자가 농사에 직접 참여하는 방식이다.

- 미소
- 올리브유와 참기름 등 질 좋은 드레싱용 기름

특별한 날에는 다음 품목에 돈을 조금 더 써보세요

- 신선한 허브 : 어떤 말린 허브보다 생바질 몇 장만 써도 요리가 확 달라져요.
- 적은 양으로 충분한 향신료 : '펜지스Penzeys' 같은 온라인 향신료 가게, 남아시아 음식 전문 식료품이나 천연 식품 상점에서 싸게 살 수 있어요. 정말 좋아하는 향신료가 있다면 예산 범위에서 최상급을 구해 쓰세요.

ROSEMAR

요리
하기

레서피 읽는 법

이제 장보기를 마스터했습니다. 고기를 제외한 식재료도 완벽하게 갖췄고요. 이 재료로 무엇을, 어떻게 만들어야 할까요? 인터넷을 검색하면 같은 요리에 다양한 레서피가 나옵니다. 동네 서점에 가도 채식 요리책이 한두 권이 아닐 겁니다. 여기서는 어떤 레서피가 믿을 만한지 선별하는 법을 알려드릴게요.

온라인 레서피

- 좋아하는 요리책 저자가 있다면 그가 만든 레서피를 찾아보세요.
- 요리 잡지에서 관리하거나 필자의 이력을 명시한 웹

사이트가 개인 블로그나 레서피를 모아둔 사이트보다 수준이 어느 정도 보장될 거예요.

• 레서피가 정확하게 표기됐는지 눈여겨보세요. 재료를 어떤 크기로 잘라야 하는지, 불의 세기는 어떻게 조절해야 하는지, 요리가 완성됐을 때 어떤 냄새와 맛이 나야 하는지 설명했나요? 언제 소금을 넣어야 하는지 나오나요? 이렇게 요리 과정을 자세히 설명하고 평점까지 좋다면 시도해볼 가치가 있는 레서피라고 봐도 무방해요.

• 음식을 주제로 한 블로그를 구독하고 있다면 각 게시물의 댓글을 살펴보세요. 이 경우는 댓글을 읽는 데 소중한 시간을 쓸 가치가 있답니다.

요리책

• 온라인 서점의 리뷰를 훑어보세요. 동네 서점에서 책 사기를 선호해도 리뷰가 많이 달렸다면 많은 사람이 그 요리책을 본다는 뜻이고, 좋은 리뷰가 많다면 그저 그런 책과 훌륭한 책을 가려내는 데 도움이 되니까요.

- 권위 있는 상을 받은 요리책 목록을 찾아보세요. 제임스 비어드 어워드James Beard Award[38]는 지난 몇 년간 채식 친화적인 요리책에 상을 주거나, 그런 책을 후보에 올렸답니다!
- 온라인 레서피를 검색할 때와 마찬가지로 꼼꼼하고 친절하게 설명한 책을 고르세요.
- 서점 주인이나 직원이 요리에 대해 잘 아는 곳이나 윌리엄스-소노마처럼 요리책을 갖춘 조리 도구 전문 판매점에서 구입하세요. 요리책을 할인 코너에서 찾지는 마세요. 요리책은 매일은 아니어도 매주 펼쳐볼 책이에요. 제값을 주고 제대로 된 책을 사세요.

---

38 미국의 저명한 요리사 제임스 비어드(1903~1985)가 설립한 재단에서 해마다 요리사, 식당, 요리책 저자, 요리 평론가 등 요식업계 종사자 가운데 그해에 가장 뛰어난 활약을 보여준 사람에게 주는 상.

- 〈뉴욕타임스〉 온라인 사이트의 요리책 서평란처럼 대중적인 요리책 서평 사이트나 '키친Kitchn' 같은 요리 블로그에는 현재 채식 요리도 다루는 요리책 서평을 정기적으로 게시하고 있어요.
- 요리를 잘하는 지인이 있나요? 그 사람에게 어떤 요리책을 참고하는지, 어떤 요리책 저자를 좋아하는지 물어보세요.

일반 레서피를 채식 레서피로 바꾸는 법

채식을 시작했다고 해서 전에 보던 요리책을 전부 버릴 필요는 없어요. 좋아하는 요리책 레서피에서 채식과 맞지 않는 재료를 손쉽게 대체할 수 있답니다. 마음에 드는 레서피를 발견했는데 채식 레서피가 아니라고요? 망설이지 말고 고기 재료를 채식 재료로 대체해서 요리해보세요(99~107쪽).

다진 고기를 쓰거나 고기가 장식 역할을 하나요?

양념한 조직식물단백질textured vegetable protein, TVP, 식물성 소고기 부스러기, 허브, 타마리 몇 방울을 더한 렌틸콩으로 다진 소고기 같은 식감과 맛을 낼 수 있어요.

소스에 절인 고기를 사용하는 레서피나 카술레 재료인가요?

이런 요리에서는 절임 소스나 카술레[39]의 다른 재료가 맛을 내죠. 해동한 냉동 두부(카차토레[40]에 닭고기 대신 쓰면 아주 좋아요)로 대체하거나, 절임 소스에 템페를 넣어 끓이거나, 절임 소스에 세이탄을 하룻밤 담가두세요. 그거면 충분해요.

---

39 카술cassole(여러 재료를 섞은 반죽을 넣고 조리한 그대로 식탁에 올릴 수 있는 얕은 냄비)에 조리한 스튜. 프랑스 랑그도크 지방의 전통 요리다.

40 닭고기나 토끼 고기 등을 토마토소스에 졸여서 만드는 이탈리아 요리.

샌드위치 속 재료인가요?

충분히 대체품을 찾을 수 있어요. 어차피 샌드위치 맛을 내는 비결은 소스니까요. 햄과 베이컨은 가게에서 파는 식물성 슬라이스 햄과 채식 베이컨으로 대체하세요. 닭고기 샐러드 대신 포크로 으깬 병아리콩이나 10분 동안 쪄서 잘게 부순 템페를 쓰세요.

국물 내는 재료인가요?

소고기 · 닭고기 · 돼지고기 육수는 채수로 대체하면 돼요. 건강식품 전문점에서 채식용 닭고기와 소고기 부용[41]을 구할 수도 있어요. 말린 양파, 셀러리 소금, 백후추, 마늘 가루, 로즈메리와 파슬리, 타임이 들어간 허브 믹스를 같은 비율로 넣어서 채식 닭고기 국물을 만들어도 돼요. 채식 소고기 국물이 급하게 필

41 육류, 생선, 채소, 향신료 등을 넣고 맑게 우려낸 육수.

요하면 물 2ℓ에 검은콩 메주(일반적인 말린 콩은 쓸 수 없어요) 1작은술을 넣고 10분간 끓이세요. 내용물은 버리고 국물만 사용합니다.

고기가 주재료일 때

덩어리 고기를 오븐에 구운 요리나 스테이크 등을 만드는 레서피라면 포기해야 할 것 같아요. 무엇보다 고기의 식감을 살리기가 핵심일 테니까요. 고기가 향신료를 담는 그릇 역할을 하는 경우라면 응용할 방법이 있어요. 소불고기나 닭 가슴살 데리야키처럼 고기에 양념을 코팅하는 방식으로 덧씌우는 요리라면 (소고기 대신) 큰 세이탄 조각이나 (닭고기 대신) 씹는 맛이 있는 해동한 냉동 두부를 쓰세요.

생선 요리

생선 요리는 채식 레서피로 바꾸기가 조금 더 까다로워요. 대도시에서는 아시아 불교 신자를 대상으로 하는 식료품점에 가면 채식주의자를 위한 냉동 식물성 생선을 구할 수 있어요. 생선 국물을 사용하나요? 채수에 다시마나 미역 같은 해조류를 넣어보세요. 생선이 주재료인 요리라면 포기하고 다른 레서피를 찾아보세요.

터더큰 레서피라고요?

터더큰[42] 같은 메뉴는 채식 레서피로 충분히 바꿀 수 있어요. 두부 속을 템페로 채우고 저민 세이탄으로 감싸면 돼요. 절대 포기할 필요 없어요! 추수감사절을 즐기고, 기발한 대체 채식 요리를 만든 것에 감사하세요.

---

42 칠면조 배에 오리를 넣고, 그 오리의 배에 닭을 넣어 구운 요리. 주로 추수감사절에 먹는다.

대체 재료 찾는 법

먼저 레서피에서 동물성 식재료가 하는 역할을 생각해보세요. 맛과 식감, 영양소를 더하나요? 시각적인 효과를 내나요? 예를 들어 뵈프 부르기뇽[43]을 살펴봅시다. 이 요리에서 소고기는 식감을 더하고, 엄청난 단백질과 포만감이 드는 지방도 충분히 공급하죠. 햄버거에서 소고기는 단백질이 많고, 살짝 '불맛'이 나고, 잘 부스러지는 나머지 재료를 쌓아 올리는 빈 캔버스 역할을 합니다. 베트남 쌀국수 국물에서 소고기는 풍미를 더하고요.

---

43 프랑스의 대표적인 스튜. 레드와인에 소고기, 양파, 버섯 등을 넣고 장시간 끓인다.

같은 소고기라도 어떤 요리에 쓰이냐에 따라 역할이 다릅니다. 따라서 베트남 쌀국수 국물의 소고기를 대체할 재료는 햄버거의 소고기를 대체할 재료를 찾을 때와 다르게 접근해야 합니다.

구체적인 예를 들어볼게요. 저단백 · 저지방인 구운 버섯 버거를 먹으면 20분이 지난 시점부터 허기가 질 거예요. 그런데 같은 버섯에 팔각과 검은콩 메주를 넣고 끓이면 소고기 육수 못지않게 진한 베트남 쌀국수 국물을 만들 수 있어요.

이와 달리 렌틸콩 튀김을 끓인 물로는 제대로 된 베트남 쌀국수 국물을 만들지 못할 거예요. 대신 렌틸콩을 패티에 사용하면 아주 맛있고 배부른 햄버거를 만들 수 있어요. 한 가지 동물성 식재료도 레서피에 꼭 맞는 맛과 식감을 내려면 다양하게 조리하고 다른 재료로 대체해야 할 거예요.

이런 점을 염두에 두고 시판 식물성 닭고기, 식물성 베이컨, 소고기 없는 다진 고기, 반조리 채소 버거,

코코넛 크림, 달걀 대체 가루 등을 사세요. 이런 것을 직접 만들기를 두려워하지 마시고요. 집에서 만들면 공산품에 의존하지 않고, 비용도 덜 들어요. 때로는 만드는 데 시간이 그리 오래 걸리지도 않아요.

이들 '마법 재료'는 고기 없이 진한 맛을 내는 데 도움이 될 거예요. 그때그때 다양하게 시도해보세요. 111~118쪽에서 아이디어를 얻어도 좋아요.

아키 아키[44]는 달걀 같은 질감이 특징이에요.

아보카도 부드러운 크림 같은 질감. 스무디나 타코에 넣어도 훌륭하고, 프라이팬에 구우면 푸아그라[45]

---

44 원산지가 서아프리카인 무환자나무과의 열매. 자메이카에서 많이 먹는 아키앤드솔트피시의 주재료다.

45 거위나 오리의 간 혹은 그것을 재료로 만든 프랑스 요리.

대신 쓸 수 있어요. 믿기지 않겠지만 초콜릿 무스 재료로 써도 아주 좋답니다.

바나나 퓌레 빵이나 과자 만들 때 바나나 퓌레[46]를 넣으면 반죽이 촉촉하고 잘 뭉쳐요.

콩과 콩 퓌레 고단백질 재료예요. 콩을 섞으면 녹말이나 크림 같은 질감을 더해서 요리를 걸쭉하게 만들어요. 포크로 가볍게 으깨면 다진 고기와 비슷한 식감이 납니다.

병아리콩 가루 푸딩 같은 질감. 달걀처럼 반죽에 찰기를 더하고, 단백질이 풍부해요. 충분히 익혀야 생

---

46 익힌 채소나 과일을 간 다음 체에 걸러 거친 섬유질을 제거한 부드럽고 진한 요리.

콩의 비린 맛이 나지 않아요.

병아리콩 물 병아리콩을 삶은 물이나 병아리콩 통조림의 물로, '아쿠아파바'라고도 해요. 전동 거품기를 이용하면 달걀흰자처럼 거품을 만들 수 있어요. 불기운에 아주 약해요. 병아리콩 물로 채식 머랭, 치즈, 마요네즈 만드는 법을 인터넷에서 찾아보세요.

취두부 고르곤졸라와 같은 블루치즈에서 나는 톡 쏘는 맛과 고약한 냄새를 요리에 더할 때 쓸 수 있는 재료예요. 아시아 요리 전문 식료품점에서 구하면 됩니다.

코코아 가루 살짝 쓴맛과 탄 맛, 깊고 풍부하고 구수한 맛이 나요. 칠리 고추나 진한 콩 스튜에 조금 넣어보세요.

코코넛 오일 포만감을 주고, 부드럽고 다소 느끼할 수도 있는 진한 맛이 납니다. 정제하지 않은 코코넛 오일은 코코넛 향이 강해요. 정제한 코코넛 오일은 요리 고유의 향을 방해하지 않아요.

말린 버섯 고기 같은 맛, 감칠맛, 구수한 맛이 나요. 깊고 복잡한 향이 나고요. 국물 낼 때 쓰면 좋아요. 물에 불린 뒤 잘게 잘라 쓰면 요리에 독특한 식감을 더합니다.

어스 밸런스Earth Balance 지방 함량이 높은(그래서 포만감을 줘요!) 버터 대체품의 가장 대중적인 브랜드.

생버섯 녹을 것처럼 부드럽고, 향이 깊고 진해요. 저단백 · 저지방 식재료라 포만감을 주는 고칼로리 요리를 만들고 싶다면 다른 재료로 보충해야 해요.

해동한 냉동 두부 볶음 요리나 수프, 카술레 만들 때 닭고기 대신 쓰기 좋아요. 두부는 냉동하면 단단해지고 조직이 성글어져요. 요리에 쓴 양념이나 소스의 맛을 잘 빨아들이고, 독특한 식감을 내요. 139~140쪽에 더 많은 요리 기법이 나와요.

잭프루트 잭프루트[47]는 고기 같은 식감이 특징이에요.

렌틸콩 잘 부스러지지만, 완전히 흩어지지 않는 질감. 고단백 식재료예요.

훈연액 이름 그대로 나무를 태운 연기를 액체로 만든 거예요. 대개 히코리라는 나무를 태워요. 훈연한

---

47 두리안과 비슷하게 생긴 열대 과일.

것과 같은 향과 맛을 더합니다.

미소 짠맛과 감칠맛을 더하고, 맛을 더 풍부하게 만들어요.

해조류 바다의 맛을 더해요. 해동한 냉동 두부를 해조류로 감싸면 식물성 생선 요리에서 껍질 역할을 해요. 해조류를 갈아서 현미식초, 취두부, 간장과 섞으면 동남아시아의 피시 소스를 대체할 수 있고요.

세이탄 질긴 고기와 같은 식감. 고단백 식재료로, 맛이 진한 국물을 잘 머금어요.

훈연 파프리카 가루 훈연액보다 달고, 살짝 매운맛도 있어요. 훈연한 고기 맛을 낼 때 사용해요.

부드러운 두부 고단백 식재료. 빵이나 과자 만들 때 반죽에 찰기를 더해요. 스크램블드에그 같은 방법으로 요리를 만들 수 있어요.

간장 감칠맛과 짠맛이 나요.

햇볕에 말린 토마토 감칠맛과 신맛, 톡 쏘는 맛이 특징이에요.

호두 고단백 · 고지방 식재료. 볶으면 살짝 훈연한 맛이 나요.

기본 맛 조합 7가지

마음에 드는 요리에서 아이디어를 얻어 언제든 쉽게 쓸 수 있는 맛 조합을 정해두면 특별한 레서피 없이 요리하는 데 도움이 돼요. 다음 목록에 나오는 향신료를 절임 소스에 더하거나, 곡물 · 콩 · 두부 요리 마지막에 뿌리거나, 메뉴를 정할 때 다양하게 활용해보세요.

멕시코 요리 칠리 고추, 고수, 커민, 오레가노,[48] 양파, 칠리 파우더, 마늘

---

48 꽃박하. 요리에 향신료로 쓰이는 꿀풀과의 여러해살이풀이다.

서아시아 요리 레몬, 고수, 참깨, 타임, 옻, 파슬리, 마늘, 민트

북아프리카 요리 파프리카, 카옌 고추, 커민, 생강, 고수, 울금, 백후추

중국 요리 마늘, 생강, 간장, 칠리 고추, 흑식초, 부추

그리스 요리 오레가노, 로즈메리, 세이지, 타임, 민트, 딜, 파슬리, 커민, 후추

이탈리아 요리 바질, 오레가노, 세이지, 파슬리, 마늘, 로즈메리

태국 요리 샬롯, 마늘, 생칠리 고추, 고수, 레몬그라스, 울금, 양강근, 생강, 타이 바질, 라임

이게 전부는 아니므로 각자 최상의 맛 조합을 개발하세요. 몇 가지 향신료 냄새를 동시에 맡아, 그 향신료끼리 조화를 이루는지 살피며 요리하세요. 함께 썼을 때 맛도 좋다면 그 조합을 기록했다가 계속 사용하세요. 만인의 셰프 줄리아 차일드Julia Child가 말했듯이 "실수하면서 배우세요. 두려워하지 말고 즐기세요".

일주일 식단 예시

여기까지 읽었다면 건강한 식단을 짜고 부엌에서 요리하는 데 조금 익숙해졌을 거예요. 원래 요리를 잘했지만 고기를 뺀 식단이 처음인 사람이든, 요리와 채식이 모두 낯선 사람이든 이제 예로 드는 일주일 식단을 출발점으로 삼아 당신이 좋아하는 메뉴로 채운 식단을 마련해보세요.

온 가족을 위해 요리하거나 가족 중에 요리를 좋아하거나 돕는 사람이 있다면 매일 요리하는 편이 효율적일 거예요. 매일 요리하기 힘들거나 아무 도움 없이 요리하기가 서툴다면 작은 것부터 시작하세요. 112~118쪽에서 익숙한 재료를 쓰거나 익숙한 맛이 나는 요리 한두 가지만 고르세요. 그 요리를 많이 만들어서 주중에 먹는 거죠. 부엌에서 요리하는 데 어느 정도 익숙해지면 매일 새로운 요리를 하는 쪽으로 바꾸세요.

월요일 | 전통 미국식

아침 식사	오렌지 주스나 오렌지, 저당분 · 고단백 시리얼과 두유
점심 식사	땅콩버터와 잼 샌드위치, 당근과 셀러리, 감자칩 한 줌
간식	사과와 땅콩버터, 트레일 믹스[49]와 초콜릿, 땅콩, 건포도
저녁 식사	소스에 절여 구운 세이탄, 두부 구이, 식물성 닭고기 시금치 샐러드, 호두, 말린 크랜베리, 머스터드를 넣은 비네그레트,[50] 필래프, 땅콩호박 구이
디저트	초콜릿 케이크

화요일 | 풍성한 건강 요리

아침 식사	호두와 오트밀, 말린 과일, 치아시드 스무디(바나나, 두유, 케일이나 콜라드, 근대 같은 진한 초록색 잎채소 한 줌), 차나 커피
점심 식사	검은콩과 살사를 곁들인 (전자레인지에) 구운 고구마, 구운 토르티야 칩
간식	대추와 캐슈너트 바
저녁 식사	데리야키 소스를 발라 구운 두부와 바삭하게 구운 표고버섯 현미덮밥, 어린잎 채소 샐러드, 해바라기 씨, 병아리콩, 토마토, 채 썬 적채, 타히니 드레싱
디저트	사과 푸딩

49 말린 과일, 견과류 등을 섞어 한입 크기로 만든 시리얼.

50 기름과 식초를 섞어 만든 소스.

수요일 | 서아시아 요리

아침 식사	누에콩, 플레인 요구르트, 피타
점심 식사	렌틸콩 수프, 레몬 주스를 뿌린 데친 시금치, 피타 칩과 후무스
간식	피스타치오 한 줌, 민트 차
저녁 식사	토마토, 적양파, 오이 샐러드와 페타 치즈 혹은 레몬과 오레가노에 절인 두부, 밥 혹은 불구르와 렌틸콩, 달콤하게 볶은 양파(기호에 따라 요구르트를 곁들인다)
디저트	참깨 할바[51]

51 깨와 꿀로 만든 과자. 터키를 비롯한 서아시아와 발칸반도 지역에서 주로 먹는다.

목요일 | 동아시아의 맛

아침 식사	녹두죽과 참기름, 간장, 다진 부추
점심 식사	두부 팟타이[52]
간식	튀긴 누에콩, 오렌지, 녹차
저녁 식사	길게 썰어 튀긴 템페, 땅콩 소스를 뿌린 가도가도와 흰쌀밥, 울금, 샬롯, 고추장, 레몬그라스를 넣은 코코넛 밀크에 끓인 콜라드
디저트	코코넛 과육

52 쌀국수에 숙주나물을 넣고 볶은 국수.

금요일 | 중앙아메리카 탐험

아침 식사	멕시코 스타일 달걀(혹은 두부) 요리(양파, 토마토, 오레가노, 칠리 파우더 볶음과 함께 뒤적인다)와 데운 토르티야
점심 식사	바삭바삭한 옥수수 토르티야 혹은 반으로 쪼갠 타코셸[53](눅눅해지지 않도록 따로 포장한다), 프리홀레스 레프리토스, 채 썬 양상추, 크게 썬 토마토를 넣은 살사 혹은 피코 데 가요[54]
간식	토르티야 칩과 시킬 팍(구운 채소와 호박씨로 만든 마야의 전통 소스)
저녁 식사	얇게 썬 아보카도를 얹은 검은콩 수프, 옥수수빵, 레몬, 커민, 오레가노를 넣고 볶은 시금치
디저트	망고 콘 칠리 이 리몬(라임, 소금, 칠리 파우더를 뿌린 망고 슬라이스)

53 고운 옥수숫가루로 반죽해서 동글납작하게 편 뒤 'U 자형'으로 구부려 바삭하게 튀긴 음식.

54 멕시코의 대중적인 소스.

토요일 | 솔 푸드

아침 식사	근대 볶음, 맛과 질감이 구운 방울토마토를 곁들인 치즈 같은 그리츠,[55] 채식 소시지 구이, 버섯 소스를 곁들인 비스킷, 생과일, 딸기 바나나 스무디
점심 식사	맥앤치즈[56](혹은 영양 효모로 만든 '치즈' 소스), 군고구마, 마늘을 넣고 볶은 오크라[57]
간식	향신료를 넣고 삶은 땅콩
저녁 식사	빵가루를 묻혀서 튀긴 세이탄, 신맛을 더한 콜라드 샐러드, 프라이팬에 구운 옥수수빵
디저트	레드 벨벳 케이크

55 거칠게 빻은 옥수숫가루를 삶은 뒤 버터, 우유와 섞어 만드는 미국 남부 요리.

56 마카로니와 치즈를 섞어 버무린 음식.

57 '레이디핑거'라고도 하는 채소.

일요일 | 호화로운 주말 보양식

멋진 브런치	해시 브라운, 양파와 빨간 피망, 바질을 넣은 스크램블드에그(달걀 대신 두부 이용 가능)
점심 식사	얇게 썬 토마토, 양파, 피클, 사워크라우트[58]를 곁들인 구운 치즈 혹은 채식 치즈와 채식 베이컨, 토마토 수프, 곁들임 샐러드, 초콜릿 칩 쿠키
간식	크래커와 아몬드 버터, 얇게 썬 바나나
저녁 식사	미네스트로네(이탈리아 채소 수프), 호두와 병아리콩, 에스카롤이나 브로콜리 라베[59]를 넣은 오레키에테,[60] 마늘, 파슬리, 레몬주스를 넣고 볶은 버섯, 올리브유와 레드와인식초를 넣은 잎채소 샐러드
디저트	아몬드 쿠키와 디카페인 커피

58 가늘게 썬 양배추를 싱겁게 절여서 발효한 독일식 김치.

59 잎이 많고 작은 꽃과 줄기가 달린 채소. 톡 쏘는 맛이 난다.

60 가운데가 깊고 오목한 타원형 파스타.

든든한 아침과 브런치

분주한 오전에 대비해 에너지를 충전해야 하건, 여유로운 주말 오전을 앞두고 있건 그에 맞는 식단이 필요해요. 토스트에 땅콩버터를 발라 먹거나, 요구르트에 그래놀라를 섞어 먹거나, 팬케이크에 채식 베이컨을 곁들여 먹는 정도는 알겠지만, 다음과 같은 대안도 고려해보세요.

한입 크기 단백질

믹서에 씨를 뺀 대추, 코코넛, 생캐슈너트, 초콜릿 맛 단백질 파우더를 넣고 갈아요. 내용물이 반죽처럼 찰기가 생길 때까지 대추를 넣으세요. 반죽을 지름

2.5cm 공 모양으로 빚은 다음, 겉에 단백질 파우더나 코코넛 가루를 묻혀 서로 붙지 않도록 하세요.

오트밀

오트밀에 땅콩버터를 섞거나, 아몬드 · 피칸 · 호두 · 구운 헤이즐넛 슬라이스를 더하면 한 끼 식사로 든든해요. 견과류 알레르기가 있나요? 두유나 타히니로 대체하세요.

입맛 돋우는 아침 죽

쌀이나 조로 만든 죽에 가끔 콩을 넣어 단백질을 보충하세요. 일부 나라에서는 죽이 아침 식사로 인기 메뉴랍니다.

병아리콩 오믈렛

병아리콩 가루에 물과 소금을 약간 넣고 저은 다음, 달군 프라이팬에 얇게 펴 굽습니다. 타지 않도록 조심하면서 바삭하게 구워야 해요. 팬케이크처럼 구우면 부드러우면서 쫄깃쫄깃하고 얇은 빵이 만들어져요. 이 빵에 평소 좋아하는 오믈렛 속을 얹은 다음 말아서 먹어보세요. 글루텐과 콩이 함유되지 않은 병아리콩 오믈렛은 누구에게나 대접해도 좋은 음식이에요. 더 다양한 레서피는 인터넷에서 찾을 수 있어요.

두부 스크램블

영양 효모, 핑크 솔트, 미소, 울금, 가장 좋아하는 채소를 넣어 만들어요. 토스트와 함께 먹으면 정말 좋아요.

기발한 점심 샌드위치

속이 꽉 찬 샌드위치만큼 간편하고 맛있는 점심도 없죠. 다음을 보고 아이디어를 얻어 레서피를 찾거나, 자기만의 샌드위치 레서피를 개발하세요.

- 후무스, 흰강낭콩과 로즈메리 스프레드, 호두-렌틸콩-미소 파테[61] 등 콩으로 만든 스프레드
- 병아리콩 샐러드(피타에 넣어 먹으면 최고예요)
- 마요네즈나 채식 마요네즈에 버무린 템페(닭고기 샐러드 대용)

61 페이스트를 뜻하는 프랑스어.

- 식물성 슬라이스 햄
- 소스에 절여 구운 템페
- 슬라이스 치즈, 샌드위치 채소, 피클
- 땅콩버터와 딸기잼
- 고급 견과 버터와 잼 : 고급 빵, 캐슈너트나 아몬드 버터, 고급 과일 잼을 써보세요.
- 토마토소스와 모차렐라 치즈를 넣은 파르미자나[62] 샌드위치
- 베트남식 두부 반미 : 다진 생강, 현미식초, 설탕을 섞은 간장에 두부를 넣고 끓여요. 이 두부를 얇게 썬 오이, 채 썬 당근, 고수, 스리라차와 함께 바게트에 넣어 먹어요.
- 채식 무팔레타[63] : 셀러리와 콜리플라워, 당근으로 만

---

62 익힌 가지, 치즈, 토마토 소스를 층층이 쌓아 오븐에 구운 이탈리아 요리.
63 살라미 소시지와 카피콜라, 치즈, 올리브 샐러드 등을 그리시니나 포카치아처럼 납작한 이탈리아 빵에 넣은 샌드위치.

든 피클을 잘게 썰어 넣은 올리브 스프레드에 식물성 슬라이스 햄을 얹어요.

• 니수아즈[64]에서 아이디어를 얻은 샌드위치 : 바게트에 흰강낭콩 퓌레, 구운 빨간 피망, 칼라마타[65] 올리브, 파슬리, 머스터드, 적양파, 상추를 넣어 만들어요.

---

64 삶은 달걀, 참치, 검은 올리브, 토마토, 오이, 감자, 삶은 강낭콩, 안초비 등으로 만드는 샐러드.

65 그리스 펠로폰네소스반도 남쪽 해안의 도시. 올리브, 와인으로 유명하다.

휴대용 간식거리

채식하면서 맞닥뜨리는 가장 큰 위기는 외출 중에 꼬르륵 소리가 날 정도로 배가 고픈데 채식 음식을 구할 수 없을 때라고 합니다. 휴대용 간식거리를 챙기는 습관을 들이면 자동차를 타고 낯선 곳에 가거나 평소보다 늦은 시각까지 일해야 하는 등 채식 음식을 구하기 어려워 난처한 때 요긴해요.

가장 좋은 간식은 잘 상하지 않으면서 가볍고, 포만감을 주고, 형태를 유지하는 음식이에요. 그런 간식은 배고픈 순간이 올 때까지 몇 달이고 휴대할 수 있으니까요(예컨대 가방에 보관하기). 다음 간식거리를 작은 용기에 담아 가방, 배낭, 책상 서랍, 자동차에 두면 식사 시간까지 배고프지 않을 거예요.

슈퍼에서 구하기 쉬운 간식

- 트레일 믹스
- 해바라기 씨
- 땅콩, 캐슈너트, 아몬드, 피스타치오 등 좋아하는 견과류
- 땅콩버터가 들어 있는 프레첼
- 시리얼(탄수화물 대비 단백질 함량이 많은 것을 고르세요)

집에서 만든 간식(인터넷에서 레서피를 찾아보세요)

- 타마리에 볶은 아몬드
- 오븐에 구운 병아리콩
- 한입 크기 공 모양으로 빚은 코코넛 땅콩 믹스
- 대추와 캐슈너트 바
- 한입 크기 공 모양으로 빚은 아몬드 무화과 믹스

위에서 어느 간식을 택하더라도 입이 즐겁고, 허기도 면할 수 있을 거예요. 건강식품 상점이나 아시아 요리 전문 식료품점, 고급 식재료 상점이 가까이 있

다면 다음과 같은 별미 간식을 마련해보세요.

- 채식 육포
- 구운 코코넛 칩
- 단백질 그래놀라 바
- 양념한 구운 병아리콩
- 치아시드(2~3큰술을 과일 주스에 섞으면 오메가3가 풍부한 간식이 만들어져요)
- 매콤한 견과류
- 참깨 강정
- 에너지 바
- 구운 누에콩
- 매콤한 두부와 템페 과자
- 말린 두부
- 고추냉이 맛 완두콩

기본 맛 내기

맛과 향이 풍부한 요리를 만들어 먹으면 채식을 실천하기가 쉬워요. 당연히 더 만족스러운 식사를 할 수 있고요. 여기서 설명하는 두 가지 조리법은 요리를 시작할 때 맛이 풍부한 재료에 지방을 더해 요리의 핵심 맛을 만드는 기법이에요. (이런 기법을 레서피에서 어떻게 활용할지는 131~136쪽을 참조하세요.)

향신채 재빨리 볶기

채소, 향신료, 허브 등 향신채를 기름에 재빨리 볶으면 향이 그 기름에 가득 배고 완성된 요리에도 남습니다. 향신채는 종류가 아주 다양해요. 처음에 시도 하기 좋은 재료를 알려드릴게요.

- 태국 요리는 샬롯, 마늘, 고추를 사용해요.
- 서아시아 요리는 마늘, 양파, 토마토, 부추를 사용해요.
- 라틴아메리카 요리는 마늘, 양파, 피망, 토마토를 사용 해요.
- 프랑스 요리는 양파, 당근, 셀러리를 사용해요.
- 인도 요리는 양파, 마늘, 고추, 생강을 사용해요.

향 내기

일부 말린 향신료는 물에도 향이 잘 녹지만, 기름에 넣어야 향이 나오는 향신료도 있어요. 대체로 지방 함량이 낮은 콩, 곡물, 과일, 채소는 고기와 달리 달군 팬에서 지방이 마구 녹아 나오지 않아요. 먼저 기름에 향신료를 볶아 향을 내고 나머지 재료를 넣어야 고기로 만드는 요리만큼 풍미가 진해져요. (기름에 볶고 물을 넣으면 물에 녹는 맛과 향, 지방에 녹는 맛과 향을 모두 얻을 수 있어요.)

다음 향신료는 향 내기가 필요해요.

- 커민
- 겨자씨
- 빨간 피망 조각
- 타임
- 로즈메리
- 마늘 가루
- 생강
- 카레 가루

훌륭한 콩 수프 만드는 법

맛있는 콩 수프를 만들기는 아주 쉬워요! 수프를 끓일 때는 대개 기본 맛을 내는 국물부터 만든 다음, 콩과 채소를 넣고 부드러워질 때까지 끓입니다. 일반적으로 첫 단계에서 향신채를 재빨리 볶고, 레서피는 그때그때 바꿔도 괜찮아요. 수프 한 그릇에 완전단백질을 담고 싶다면 곡물을 한 가지 더해 보세요. 수프에 빵이나 밥, 퀴노아, 기장 필래프를 곁들여도 좋아요.

1 커다란 냄비에 올리브유, 카놀라유, 식물성 기름 등을 두르고 중간 불에 올려요.

2 잘게 자른 마늘과 양파, 대파, 샬롯 등을 넣고 부드러워질 때까지 볶아요. 연한 갈색을 띠고 향이 나려면 3~5분이 걸려요.

3 향신료와 말린 허브(생허브는 쓰면 안 돼요)를 넣으세요. 흑후추, 고춧가루, 커민 씨, 말린 파슬리, 좋아하는 향신료 믹스가 있다면 시판 제품을 써도 돼요(혹은 108~110쪽 '기본 맛 조합 7가지'를 시도해보세요). 기름에 향신료를 60~90초 볶아요.

4 잘게 썬 채소와 곡물, 소금을 약간 넣어요. 각각의 채소와 곡물이 익는 데 걸리는 시간을 고려해서 끓여요.

- 단단한 채소(당근, 마, 셀러리, 감자, 순무, 파스닙[66] 등) : 12~15분

66 '설탕당근'이라고도 불리는 뿌리채소.

- 무른 채소(통조림 토마토, 양배추, 에스카롤, 케일, 콜라드 등) : 8~10분
- 곡물 : 종류에 따라 10~45분(80쪽 참조)
- 빨리 익는 채소(연한 잎채소, 줄기채소, 어린 버섯 등) : 2분 이내

5 물이나 단단한 채소를 넣고 끓인 국물을 부은 뒤 강한 불로 올려요. 물이 끓으면 약한 불로 줄이고 뭉근하게 끓여요. 무른 채소와 통조림 콩, 익힌 콩을 넣어요.

6 모든 채소와 곡물이 부드럽게 익으면 냄비를 불에서 내려요. 생허브와 소금, 타마리 2~3방울을 넣어 맛의 균형을 잡아요. 이제 맛있게 먹으면 됩니다!

끝내주는 볶음 요리 만드는 법

볶음 요리는 콩 수프처럼 영양이 풍부하고, 짧은 시간에 만들기 쉽고, 다양하게 응용하기 좋아요. 재료를 미리 손질하면 순식간에 완성된답니다! 채소를 자르고(잘게 자르면 요리 시간을 단축할 수 있어요), 마늘을 다지고, 액체류 재료를 분량만큼 덜어 준비하세요. 단단한 채소를 써야 한다면 볶음 요리를 하기 전에 데치고요. 이 과정이 빠지면 요리가 완성됐는데 채소는 제대로 익지 않았을 수 있어요.

1 커다란 궁중팬(웍)을 강한 불에 30초 예열하세요. 재료가 팬에 비해 많으면 볶기 어려워요.

2 독특한 맛과 향이 없고 강한 불에 적합한 기름(땅콩 기름, 코코넛 오일, 카놀라유, 식물성 기름 등)을 1~2큰술 둘러요.

3 다진 마늘과 생강, 샬롯 등 향신채를 넣고 좋은 향이 날 때까지 볶아요. 1분도 걸리지 않으니 타지 않도록 주의하세요! 말린 고추나 삼발 올렉, 고추장 등 장류를 더하고 싶다면 이때 넣고 15~30초 더 볶아요.

4 두부(유부, 단단한 두부, 해동한 냉동 두부), 세이탄 조각, 식물성 고기 등을 넣으세요.

5 채 썬 당근, 버섯, 양파, 두꺼운 잎채소 등을 넣고 팬에 들러붙지 않도록 나무 주걱으로 계속 뒤적이세요. 채수나 물에 1:1 비율로 희석한 간장을 넣으면 국물이 채소에 흡수되면서 숨이 죽고 맛도 좋아질 거예요.

6 단단한 채소가 부드러워지면 고추나 시금치처럼 연한 채소를 넣고 계속 뒤적이세요.

7 불을 끄세요. 원한다면 이때 좋아하는 볶음용 소스를 조금 넣으세요. 완성된 요리에 다음 재료를 뿌리세요.

- 다진 샬롯
- 볶은 참깨
- 튀긴 양파
- 타이 바질이나 고수 등 생허브

8 밥이나 국수에 얹으면 간편하면서 건강에 좋고, 만족스러운 한 끼 식사가 완성됩니다!

두부를 맛있게 먹는 법

두부에 대해 잠깐 알아볼까요? 미국 사람들은 수십 년 동안 두부를 거부했어요. 밍밍하고 식감도 이상해서 두부로 고기를 대체할 순 없다고 말했죠. 게다가 그동안 '건강한 음식'을 내세운 요리책들이 두부를 손질하고 요리하는 방법에 대해 잘못된 상식을 퍼뜨렸어요. 아시아에서는 수백 년 동안 맛 좋은 두부 요리를 만들어 먹었어요. 잡식동물이라도 감탄할 만한 요리들이죠!

두부도 종류가 많아요. 용도에 따라 적합한 두부가 따로 있습니다. 일반 슈퍼마켓에는 다음 두 가지 두부가 있을 거예요.

단단한 두부 냉동했다가 해동해서 절임이나 볶음 요리에 쓰면 좋아요. 주사위 모양으로 잘라서 튀겨보세요. 얇게 썰어서 빵이나 과자 만들 때 써도 좋아요.

부드러운 두부 미소국에 넣고, 드레싱을 걸쭉하게 만드는 데도 쓸 수 있어요.

아시아 음식 전문 식료품점에는 식감이나 맛이 다른 여러 가지 두부가 있어요. 다음에 나열한 두부가 볶음 요리에 안성맞춤이에요.

- 두부 국수
- 물기를 없애고 맛을 첨가한 두부
- 물기를 없애고 튀긴 두부('두부 스테이크'라고도 불러요)
- 두부 뻥튀기
- 손두부
- 연두부

볶음 요리 외에 푸샤 던롭처럼 고급 동아시아 요리를 배운 전문가의 요리책에 실린 두부 요리 레서피도 찾아보세요. 단단한 두부로 만들기 좋은 요리법을 소개할게요.

해동한 냉동 두부

많은 요리책 레서피에서 물기를 없앤 두부를 사용하라고 말합니다. 이때 해동한 냉동 두부를 써보세요. 이렇게 맛있는 두부 요리는 생전 처음이라고 감탄할 거예요. 냉동실을 두부로 채워놓기만 해도 실패할 일은 없어요.

두부에서 물기가 빠지기를 기다렸다가(굳이 키친타월이나 천으로 꾹꾹 누를 필요 없어요) 2.5cm 주사위 모양으로 자르거나 두께 1cm로 썬 다음 비닐봉지에 담아 냉동하세요. 고기 같은 씹는 맛이 생기고, 소스를 아주 잘 흡수해서 카술레나 볶음 요리, 오븐 요리에 잘 어울려요. 바쁜 주중 저녁 식사 준비할 때 냉동 두부를 꺼내서 일반 두부의 물기를 없애는 시간만큼 해동한 다음 사용하면 돼요.

오븐에 구운 두부

구운 두부는 요리책에서 조리 시간을 잘못 알려주는 대표적인 재료 가운데 하나입니다. (다른 하나는 뭘까요? '양파를 10분간 익히세요'랍니다. 양파를 30분 동안 익혀보세요. 훨씬 더 맛있는 요리가 탄생할 거예요.) 두부는 20분쯤 구워도 먹기 적당해 보이지만, 20~60분 구우면 씹는 맛이 훨씬 더 살아납니다. 구운 두부를 샐러드에 넣어도 좋아요.

오븐을 190℃로 예열합니다. 두부 반 모를 두께 2.5cm로 썰어요. 간장과 식초, 스리라차를 2:4:1 비율로 섞은 뒤 참기름을 몇 방울 떨어뜨립니다. 두부를 오븐용 그릇에 넣고 앞서 만든 소스를 두부가 잠기도록 붓습니다. 아주 맛있어질 때까지 10분 간격으로 뒤집으며 40~60분 동안 구워요.

베이컨을 대체하는 식재료 5가지

베이컨이 너무나 먹고 싶다면 아마 짭짤하면서 기름지고, 감칠맛과 훈제 향이 나고, 씹는 맛도 있는 뭔가가 당겨서일 거예요. 부디 베이컨 생산에 따르는 잔인한 행위가 그리워서는 아니길 바랍니다! 식물성 베이컨 외에도 다음과 같은 것으로 그 허기를 달래보세요.

1. 시중에서 샐러드 토핑으로 파는 '베이컨 조각'

짭짤하고 바삭바삭하면서 고기 맛이 나는 이 조각은 잎채소 샐러드의 토핑으로 써도 좋고, 파스타나 감자 샐러드에 뿌려 먹어도 좋아요. 달콤하고 짭짤한 쿠키, 스콘, 쇼트브레드 만들 때 사용해도 좋아요. 대부분 콩 단백질, 소금, 채소에서 추출한 맛 내기 물질로 만들어요. 식품 정보 라벨을 보고 채식에 적합한지 꼭 확인하세요. 이것이 건강에 좋은 식품이 아니라는 점도 기억하세요!

2. 템페 베이컨

템페 베이컨은 육즙과 식감이 살아 있고 훈제 향이 나요. 템페를 저미거나 잘게 잘라 식물성 베이컨 조각으로 만든 다음 팬에 독특한 맛과 향이 없는 기름을 두르고 간장, 훈연 파프리카 가루, 흑설탕, 사과식초와 함께 수분이 날아갈 때까지 볶으세요.

3. 코코넛 베이컨

베이컨의 기름진 맛이 그립다면 코코넛이 답이에요. 독특한 맛과 향이 없는 기름, 간장(혹은 타마리), 메이플 시럽, 사과식초, 훈연액(혹은 훈연 파프리카 가루)을 같은 비율로 섞은 소스에 무가당 코코넛 조각 큰 것을 하나 넣어요. 180℃로 예열한 오븐에 포일을 깐 베이킹 시트에서 이 조각을 1분 간격으로 뒤집으며 10~15분 동안 구워요. 이때 코코넛 조각이 황금빛을 띠다가 순식간에 타버릴 수 있으니 주의하세요!

4. 훈연 소금

훈연 소금은 콜라드 같은 초록색 잎채소 요리의 재료나 양념 소스로 쓰기 좋아요(베이컨 소금Bacon Salt이라는 제품이 시중에서 팔릴 정도예요). 이외에 짭짤하고 풍미 가득한 훈연 향을 더하는 대체품으로 안초 고추나 치파틀 고추, 홍차나 훈연 맥주 같은 음료(스튜나 찜 요리에 적합해요), 훈연액 1~2방울 등이 있어요.

5. 표고버섯 베이컨

바삭바삭한 베이컨보다 쫄깃쫄깃한 베이컨을 좋아한다면 이만한 게 없어요. 표고버섯 230g을 깨끗이 손질해 반으로 잘라요. 올리브유 2큰술, 타마리 1작은술, 소금 1/4작은술, 흑설탕 1작은술, 훈연 파프리카 가루 1/2작은술을 섞어 손질한 버섯을 넣고 버무려요. 30분 동안 절인 뒤 오븐용 그릇에 담아요. 180℃로 예열한 오븐에서 10분 간격으로 뒤집으며 씹는 맛이 좋아지는 갈색으로 변할 때까지 40~60분 동안 구워요.

감칠맛 내는 요령

다른 채식주의자들이 그렇듯이 당신도 채식을 시작하면서 포기한 음식이 간절하게 먹고 싶어질 때가 있을 거예요. 고기가 먹고 싶다면 단백질과 철분, 기타 필수영양소가 부족한 것일 수도 있고, 짠맛이나 기름진 맛, '고기'의 식감, 탄 맛이나 감칠맛이 그리운 것일 수도 있어요.

단맛, 신맛, 쓴맛, 짠맛처럼 감칠맛도 기본 맛 중 하나예요. 고기 맛, 진한 맛 등으로 표현되기도 하는 감칠맛은 맛있다는 느낌을 줘요. 감칠맛은 고기의 대표적인 맛이지만, 꼭 고기가 아니어도 글루타민이 든 음식이라면 그런 맛이 나요.

- 기름에 절인 검은 올리브
- 미소
- 취두부
- 햇볕에 말린 토마토나 토마토 페이스트
- 톡 쏘는 맛이 나는 발효 견과 스프레드
- 영양 효모
- 아위[67]
- 검은콩 메주
- 다와다와,[68] 가리[69]
- 간장이나 타마리
- 매실 식초

---

67 인도 요리에 사용하는 향신료. 미나리과 식물인 아위의 뿌리와 줄기에서 채취한 수액을 굳힌 것으로, 악취가 난다.
68 아프리카메주콩(네레)이라는 콩과 나무의 씨앗을 발효해서 만든 일종의 메주.
69 으깬 카사바를 발효한 뒤 볶아 말린 음식.

- 말린 포르치니나 표고버섯
- 다시마, 미역
- 커민과 훈연 파프리카 가루

다음에 또 고기가 간절히 먹고 싶으면 위의 것을 먹어보세요. 다음과 같은 것을 함께 먹어도 좋아요.

- 케이퍼[70]를 곁들인 세이탄
- 으깬 아보카도에 훈연 파프리카 가루를 뿌려 얹은 빵
- 씹는 맛이 살아 있는 두부를 넣은 미소국
- 훈연한 아몬드
- 채식 베이컨, 아보카도, 질 좋은 빵으로 만든 채식 베이컨 토마토 샌드위치

---

70 지중해 연안에 널리 자생하는 식물. 꽃봉오리를 식초에 절여 향신료로 이용한다.

필요하다면 '채식 클럽 회원이 자랑스러운 이유'(23~30쪽)를 다시 읽고 채식하는 이유를 떠올려보세요. 건강을 위해? 동물 복지를 위해? 지구를 살리기 위해? 당신은 할 수 있어요. 한 번에 한 끼만 생각하세요.

종일 허기지는 일이 없도록 대처하는 법

채식을 시작할 때 식단에서 고기를 뺀 자리를 빵과 파스타 등 녹말이 많은 탄수화물로 대체하기 쉽습니다. 고기에 당신이 원치 않는 것이 많이 들었고 고기를 먹는 게 원치 않는 행위와 연결되지만, 고기는 지방과 단백질이 풍부한 음식입니다. 지방과 단백질은 탄수화물보다 소화하는 데 오래 걸리죠. 그래서 처음 채식할 때는 더 자주, 더 빨리 배가 고파요.

허기는 칼슘과 철분이 풍부한 식물성 음식을 보충해야 한다는 뜻이기도 해요. 종일 배에서 꼬르륵 소리가 들리는 것 같다면 자신에게 질문해야 해요.

지방과 단백질을 충분히 섭취하고 있나요?

지방은 적당히 먹으면 우리 몸에 좋아요. 단백질은 충분히 섭취해야 하고요. 종실류, 견과류, 템페, 콩, 불포화지방산으로 구성된 기름 등 가공하지 않고 영양이 풍부한 지방과 단백질 공급원을 늘리세요.

간식을 잘 챙겨 먹고 있나요?

세 끼 식사 중간중간에 건강한 간식을 먹어보세요. 견과류와 종실류, 먹기 좋게 자른 채소를 콩으로 만든 소스에 곁들여도 좋아요. 배고플 틈이 없게 하세요.

정말 배가 고픈가요?

배가 고픈 게 아니라 화가 나거나, 외롭거나, 피곤하거나, 특정 음식이 그리운 것일 수 있어요. 많은 사람이 강렬한 감정을 배고픔으로 착각합니다. 단순히 목이 마른 것일 수도 있어요. 모든 방면에서 자신을 돌보세요.

자꾸 특정한 맛이 떠오르나요?

부족한 영양소가 있는지 따져보세요. 단백질 외에 칼슘이나 철분이 부족한 것일 수도 있는데, 그런 영양소는 식물성 음식에서 얻을 수 있어요. 케일과 콜라드 같은 초록색 잎채소가 우리 몸에 아주 좋아요.

ROSEMAR

ORGANIC
채식주의자로 살기

난처한 상황에 우아하게 대처하는 법

자, 이제 식단을 어떻게 짜야 할지 이해하고 적응했어요. 그러고 나면 다른 사람들이 눈에 들어오기 시작합니다. 함께 일하거나 살거나 어울려 노는 사람들과 당신의 식단이 충돌하면 지금까지 익숙하던 상황이 난처한 상황으로 돌변하기도 합니다. 하지만 해결책이 아예 없는 것은 아니에요.

가정에서

1. 함께 사는 식구들이 고기를 먹는다면, 그들이 좋

아하는 음식 가운데 채식에 적합한 것을 찾아보세요. 마리나라 소스[71]를 얹은 파스타, 토마토 수프와 치즈 구이, 채소 볶음 등.

2. 집안 대대로 전해지는 레서피를 포기하지 마세요! 집안에서 자랑스럽게 여기는 레서피를 소중히 하면서도 채식 레서피로 바꾸려고 노력하면 가족의 어른들에게 채식주의가 전통에 대한 거부가 아니라고 이해시키는 데 도움이 될 거예요. 자신의 뿌리를 보존하려고 노력해보세요. (94~98쪽에 제시한 '일반 레서피를 채식 레서피로 바꾸는 법'을 적용해보세요.)

3. 채식주의자가 아닌 배우자나 동거인과 살고 있다면 두 사람 모두 좋아하는 채식 요리를 함께 찾아보

---

71 토마토, 마늘, 허브, 양파 등으로 만든 이탈리아식 토마토소스.

세요(직접 요리하면 더 좋아요). 기본적인 규칙도 세워두고요. 예를 들어 집에 고기를 사다 놓는다거나 집에서 고기 요리를 하는 것은 안 되지만, 상대방이 식당에서 고기 요리를 사 먹는 것은 허용하는 식으로요. 융통성을 발휘하세요.

직장에서

1. 채식 전도사가 돼야 할 때도 있지만, 모른 척 넘어가야 할 때도 있어요. 특히 생계가 걸린 문제라면 말이죠. 원한다면 직장 밖에서는 채식 전도사가 돼도 좋아요. 하지만 직장에서 근무하는 중에는 '그런 사람'이 되지 마세요.

2. 동료들이 당신이 채식하는 것에 이러쿵저러쿵 간섭하거나, 채식주의에 지나친 관심을 보여도 일일이

반응하지 말고 대수롭지 않게 넘기세요. 어떤 질문을 받아도 예의는 갖추되, 간결하게 답하세요. "채식 도시락이에요. 고기를 먹는 건 살인 행위나 마찬가지예요"보다는 "퀴노아와 병아리콩 샐러드예요. 한번 맛보시겠어요?"가 나아요. (사람들은 정말로 그렇게 생각하더라도 그 사실을 자신의 속도로 받아들이고, 스스로 깨달아야 한답니다!)

3. 직장에서 사용할 수 있는 조리 도구와 장소를 고려해 도시락을 준비하세요. 냉장고가 있다면 신선한 샐러드나 전날 먹고 남은 음식을 챙겨도 괜찮지만, 전자레인지와 통조림 따개가 전부라면 통조림 콩 수프를 가져가야겠죠. 견과류 버터 샌드위치는 냉장고가 없어도 3~4시간 보관할 수 있어요.

친목 모임에서

1. **디너파티에서** 디너파티에 초대받았다면 초대한 사람에게 당신이 채식주의자라는 사실을 알리고, 함께 먹을 수 있는 채식 요리를 가져가겠다고 제안하세요. 그러면 당신이 먹을 수 있는 음식이 적어도 한 가지는 있을 테니까요!

2. **바비큐 파티에서** 바비큐 파티라면 당신이 먹는 음식이 고기에 닿지 않도록 준비해야 해요. 포일을 봉투처럼 만들어 주사위 모양으로 자른 채소와 두부, 소스를 넣으세요. 봉투째 그릴에 올려 익히면 돼요.

3. **파티를 열 때** 윤리적인 신념 때문에 채식을 선택했다면 신념에 어긋나는 음식을 제공할 필요는 없어요. 다만 친절한 안주인이 되고 싶다면 손님이 좋아할 만한 음식을 대접해야겠죠!

파티에서 먹는 주전부리는 채식이 많아요. 프레첼, 팝콘, 초콜릿, 견과류, 치즈와 크래커, 후무스와 먹기 좋게 자른 채소, 칩과 소스 등. 손님 가운데 라자냐, 샐러드, 피자, 옥수수빵과 칠리소스를 싫어하는 사람은 없을 거예요. 손님들이 어떤 음식과 맛을 좋아하는지 알아보세요. 주제를 정해 포트럭[72]파티를 열어도 좋아요.

• 타코 바 : 타코 속 재료를 제공하거나, 손님들에게 속 재료를 하나씩 가져와 달라고 부탁해요. 누가 가장 맛있는 조합을 제안하는지 비교해보세요.

• 김밥 : 고슬고슬하게 지은 밥을 한 솥 준비한 다음 손님들에게 김밥 소로 사용할 채소를 가져와 달라고 부탁

72 각자 음식을 조금씩 가져와서 나눠 먹는 식사.

해요. 김발과 칼도 여러 개 준비하고요. 큰 냄비에 미소국을 끓여 자리마다 나눠주고, 각자 입맛에 맞는 김밥을 말고 썰게 해요.

- 피자 포트럭 : 피자 반죽과 소스를 제공하고, 손님들이 토핑을 가져오게 해서 각자 원하는 피자를 만들어요.

- 요리책 파티 : 같은 요리책을 좋아하는 친구를 모아요. 요리책에 나오는 요리로 한 끼 식사를 혼자 만들어 먹으려면 재료비가 너무 많이 들죠? 시간과 노력도 많이 들고요. 친구들과 요리책에 나오는 요리를 하나씩 골라 각자 집에서 만든 다음, 모여서 고급스러운 식사를 해요.

착한 거짓말 4가지

정직이 최선의 방책이라는 말이 있어요. 하지만 짤막한 핑계가 효과적인 경우도 생깁니다. 상대가 고집이 센 친척일 수도, 직장 동료나 상사일 수도, 잘 모르는 사람일 수도 있어요. 채식이 아닌 음식을 먹고 싶지 않다면 다음과 같이 핑계를 대보세요.

- "그 음식에 알레르기가 있어요."
- "얼마 전에 식중독으로 고생했어요."
- "배가 불러요."
- "친구랑 다이어트 내기를 해서 그 음식은 먹을 수가 없어요."

한 번은 핑계, 한 번은 진실

거짓말하기가 마음이 편치 않다면 그냥 "괜찮습니다"라고 해도 돼요. 물론 솔직하게 말해도 됩니다. 당신이 사실을 알렸을 때 상대가 호의적으로 받아들이는 경우도 많을 거예요. 시간이 지날수록 "고맙습니다. 정말 친절하시네요. 하지만 저는 먹지 않을게요. 채식주의자여서요. 고기가 안 들어간 음식은 없을까요?"라고 말하기가 쉬워져요.

채식주의자의 외식

다음번에 친구들이 당신 때문에 토끼풀이나 주는 겉멋 든 형편없는 식당에 가야 한다고 불평하면 기죽지 말고, 당당하게 드세요! 채식 요리의 세계는 생각보다 풍성하고 넓답니다. 누가 알아요? 당신이 주문한 타불레와 팔라펠이 너무 오래 구워 말라비틀어진 친구의 닭 가슴살 요리보다 훌륭해 보여서, 다음에 그 식당에 갔을 때 친구도 당신과 같은 요리를 주문할지 모르잖아요. 지역 요리 전문 식당, 스테이크 전문점이나 조식 뷔페 등에서 채식 메뉴를 선택하고 주문하는 요령을 알려드릴게요.

지역 요리 전문 식당

서아시아 요리

'지중해' 요리 식당에 가면 타불레, 후무스, 팔라펠, 팟투시,[73] 렌틸콩 수프 등을 먹을 수 있어요.

북아프리카 요리

(모로코, 튀니지 등) 쿠스쿠스나 병아리콩으로 만든 요리가 있고, 운이 좋다면 하리라(콩과 채소, 향신료를 넣어 만드는 수프)도 메뉴에 있을 거예요.

에티오피아 요리

다양한 왓(콩과 채소로 만드는 스튜의 일종)이 있어요. 맛

73 레바논의 전통 샐러드. 납작한 빵과 각종 채소에 새콤한 드레싱을 뿌려 먹는다.

이 진하고 영양가도 높아요. 모든 스튜는 인제라와 함께 나와요.

인도 요리

채식 메뉴를 찾기에 아주 좋아요. 인도 북부 요리를 하는 식당은 메뉴에 채식 항목이 따로 있을 거예요. 인도 남부 요리도 채식 메뉴가 많답니다.

카리브해 요리

채식 요리가 반드시 있고, 맛도 아주 좋아요. 1930년대 자메이카에서 생긴 신흥 종교 라스타파리[74]는 '이탈'이라는 채식 중심 식단을 권해요. 찐 호박부터 그린 커리, 매콤한 세이탄, 두부 요리를 찾아보세요.

---

74 예수그리스도를 흑인으로 보고, 에티오피아의 옛 황제 하일레 셀라시에 1세를 재림한 그리스도로 섬기는 종교.

중남미 요리

맛있는 채식 요리가 많아서 홀딱 반할 거예요. 고대 아스테카인과 마야인은 영리하게도 옥수수를 라임에 담가 사용했어요(이것을 '닉스타말화'라고 해요). 이렇게 하면 옥수수의 단백질이 우리 몸에 더 잘 흡수된답니다. 그래서 효과가 있냐고요? 옥수수 토르티야나 밥에 콩이나 검은콩으로 만든 프리홀레스 레프리토스를 곁들이면 완전단백질 요리가 탄생합니다. 일부 식당에서는 콩을 돼지기름에 튀기니 주의하세요.

동아시아 요리

대개 채식 메뉴가 한두 가지 있어요.

- 일본 요리 : 아보카도 김말이 초밥과 에다마메[75]를 먹

---

75 덜 여문 풋콩을 깍지째 삶은 일본식 반찬.

어보세요. 국에는 대체로 가다랑어를 끓인 국물을 쓰니 주의하세요.

- 한국 요리 : 채소 비빔밥을 권합니다. 김치나 고추장에는 멸치가 들어가기도 하니 주의하세요. 웨이터가 바쁘다면 해산물 알레르기가 있다고 말하세요. 아무리 바쁜 식당이라도 고객에게 해가 되는 음식을 내고 싶진 않을 테니까요.

- 중국 요리 : 훌륭한 두부와 채소 요리가 많아요. 굴 소스나 육수로 만드는 소스는 피하세요. 채소 요리처럼 보여도 이런 소스를 쓰는 경우가 많아요. 음식이 '고기 맛내기'를 썼는지, '불교 식단으로 적합'한지 물어봐도 좋아요. 사람들은 문화적 차이 때문에 고기라고 하면 꼭 '눈에 보이는 고기'가 들어가야 고기 요리라고 생각하지, '어떤 형태로든 고기를 사용해서 만든 요리'라고 생각하지 않거든요.

• 베트남 요리 : 신선한 채소와 허브 스프링롤, 레몬그라스 두부 고명을 얹은 쌀국수, 두부 반미 샌드위치 등 다양한 채식 요리가 있어요. 다만 피시 소스는 넣지 말아달라고 하세요. 중국 식당과 마찬가지로 국 종류는 육수 사용에 주의하세요. 다행히 베트남에는 불교 신자가 많아서, 대다수 식당이 채식 식단의 조건을 잘 알아요. 언어 장벽이 느껴진다면 '차이'라는 단어를 쓰세요. '채식주의자'라는 뜻이에요.

• 태국 요리 : 피시 소스와 새우젓은 넣지 말아달라고 하세요. 코코넛 밀크에 끓인 채소와 두부 레드 커리가 가장 안심할 수 있는 메뉴예요.

유럽 요리

다른 지역 요리보다 채식 메뉴를 찾기 어려울 거예요. 하지만 폴란드의 피에로기,[76] 러시아의 카샤,[77] 그리스의 스파나코피타,[78] 독일의 케제슈페츨레[79]와 슈피나트크뇌델,[80] 이탈리아의 파스타 알 포모도로[81] 등은 안심하고 주문해도 돼요. 다만 피에로기에는 다진 고기가 들어갈 수 있으니, 주문하기 전에 확인하세요. 그리고 어느 나라 음식이든 곁들임 샐러드는 채식에 적합한 메뉴예요.

---

76 폴란드를 비롯한 동유럽식 만두.

77 물이나 우유에 곡물을 넣고 끓인 죽.

78 시금치에 치즈와 달걀을 섞어서 구운 파이.

79 짧은 면을 삶은 다음 치즈를 층층이 쌓고, 마지막으로 볶은 양파를 올려서 구운 독일 요리.

80 크뇌델(감자, 밀가루, 고기 등을 반죽해서 한입 크기로 빚은 다음 끓는 물에 익힌 독일 음식)에 고기 대신 시금치를 넣은 요리.

81 토마토소스 스파게티.

기타 식당에서

대다수 식당은, 심지어 스테이크 전문점이라도 샐러드와 빵이 준비돼 있어요. 메뉴에 콩 수프가 있기도 하고요. 메뉴에 없는 음식을 주문해보세요. 많은 식당이 메뉴에 없는 채식 요리를 제공하기도 합니다. 조식 뷔페에 요청하면 대개 두유를 제공한답니다.

저녁 식사 때 찾기 쉬운 메뉴는 프렌치프라이, 오트밀, 치즈 구이 등이에요. 이제는 동네의 허름한 식당부터 고급 레스토랑까지 거의 모든 미국 식당에서 채식 버거를 주문할 수 있어요.

미리 알아두고 싶다면 구글에서 '프랜차이즈 음식점 채식 메뉴'를 검색해보세요. 맥도날드에도 요구르트 파르페나 샐러드 같은 채식 메뉴가 있어요.

일부 음식점은 고기 요리와 채식 요리를 만들 때 같은 조리 도구를 쓰기도 해요. 신경이 쓰이면 웨이터에게 이 점을 확인해보세요.

채식주의자의 여행

여행을 떠나기로 했나요? 기내식이 나오는 비행기를 탄다면 항공사에 연락해서 채식 메뉴를 제공하는지 알아보세요. 일반적으로 출발하기 72시간 전에 요청해야 해요. 전 세계 항공사에서 사용하는 표준 식사 코드를 알려드릴게요. 모든 항공사가 모든 선택지를 갖추고 있진 않지만, 락토 오보 베지테리언 요리VLML와 완전 채식 요리VGML는 거의 모든 항공사에서 제공해요.

아시아식 채식 요리 Asian Vegetarian Meal, AVML 인도 지역의 향신료로 맛을 낸 락토 베지테리언 요리예요. 매울 수 있어요.

과일 모둠 Fruit Platter Meal, FPML 신선한 생과일로 구성돼요.

채식 생식 요리 Raw Vegetarian Meal, RVML 생채소와 샐러드로 구성된 채식 요리예요.

완전 채식 요리 Vegetarian Vegan Meal, VGML 동물성 재료가 전혀 들어가지 않은 요리예요.

자이나교식 채식 요리 Vegetarian Jain Meal, VJML 자이나교의 율법에 따라 조리하는 완전 채식 요리예요. 인도 지역의 향신료가 들어가고, 땅 위에서 수확하는 채소와 과일로 만들어요.

락토 오보 베지테리언 요리 Vegetarian Lacto ovo Meal, VLML 생선이나 고기는 쓰지 않고, 달걀이나 유제품은 사용했을 수 있어요. 대체로 '미국 중산층' 입맛에 맞는 요리예요.

동양식 채식 요리 Vegetarian Oriental Meal, VOML 중국식으로 조리한 채식 요리예요.

잘 모르는 언어를 쓰는 나라로 떠난다면, 다음 자료를 참고해서 자신이 채식주의자라는 것을 알리세요.

《비건 여권》 영국 비건소사이어티The Vegan Society가 발간한 책자예요. 비건이 먹을 수 있는 음식과 먹지 못하는 음식을 90여 개국 언어로 설명했어요.

스마트폰 애플리케이션 'V카드' 같은 앱도 《비건 여권》과 비슷한 역할을 해요. '나는 채식주의자입니다'를 원하는 언어로 번역해줘요. 스마트폰 앱이라 '배터리 잔량 부족'이 뜨면 곤란해질 수도 있어요!

구글번역기 구글번역기의 도움을 받아, 먹을 수 있는 음식과 먹을 수 없는 음식 목록을 만드세요. 이때 일반적인 음식뿐만 아니라 여행지의 고유 음식도 포함해야 해요. 네 부를 출력해서 주머니, 가방, 배낭 등에 넣어두세요. 모든 페이지 상단에 '부탁합니다', 하단에 '감사합니다'라고 크게 쓰세요. 그 사이에 '나는 채식주의자입니다'라고 적은 뒤, '먹는 것'과 '먹지 않는 것' 항목 아래 음식 목록을 나열하세요.

해피카우닷넷HappyCow.net 덴마크의 '오르후스Aarhus'부터 체코의 '즐린Zlin'까지 전 세계의 채식 친화적인 식당 목록이 나와요. '옐프Yelp'와 '트립어드바이저TripAdvisor'도 나라에 따라 비슷한 자료를 제공해요.

일부 여행사는 채식주의자를 위한 크루즈나 스파 등 채식주의자를 대상으로 한 여행 상품을 마련해두고 있어요. 다만 비용이 싸지 않답니다.

알고 보면 채식이 아닌 요리 5가지

지금쯤이면 당신이 좋아하는 새로운 채식 요리가 몇 가지 생겼을 거예요. 직접 요리하든, 채식 친화적인 동네 식당에서 먹든 말이죠. 채식주의자가 된 것을 뿌듯하게 여기리라 믿어요. 다음에 나열한 채식인 척하면서 채식 아닌 요리에 속아 당신의 노력이 헛되지 않도록 주의하세요.

1. 우스터소스

멸치가 들어간 소스예요. 첵스믹스[82] 같은 과자와 칵테

82 첵스라는 브랜드명의 시리얼이 들어간 시판 간식.

일 블러디메리 등 우스터소스를 넣는 음식이나 음료도 피하세요.

2. 젤라틴

젤라틴은 동물의 가죽과 힘줄을 끓여서 추출해요. 시중에서 판매하는 과일 맛 젤라틴 디저트, 마시멜로, 일부 과일 맛 사탕, 알약 껍질, 마가린 등에 젤라틴이 들었어요.

3. 국물과 육수

외식할 때는 일부 식당에서 소고기 · 돼지고기 · 닭고기 육수로 이른바 채식 요리를 만들기도 한다는 사실에 주의하세요. 확실하지 않을 때는 꼭 물어보세요. 중국 식당의 두부 요리조차 육수를 넣고 찌는 경우가 많아요. 하지만 요청하면 물이나 채수로 바꿔주는 식당도 있답니다.

4. '자연 향 첨가'

미국에서 파는 많은 식품 포장에 '자연 향 첨가'라는 문구가 있어요. 이 문구는 식물성 음식과 동물성 음식에 모두 붙일 수 있어요. 확실하지 않을 때는 제조업자에게 연락하거나, 최근에 같은 제품을 조사한 사람이 있는지 인터넷에 검색해보세요.

5. 카민, 자연 색소 적색 4호, 코치닐

카민,[83] 자연 색소 적색 4호, 코치닐[84] 같은 재료는 곤충 가루로 만들어요. 식품에 색을 입히거나 립스틱 색을 배합할 때 이런 재료가 들어가요.

---

83 암컷 연지벌레에서 얻는 밝은 붉은색 천연 유기 염료.

84 선인장에 기생하는 곤충(cocus cucti)의 수컷과 그것에서 추출하는 적색계 염료.

아무리 노력해도 가끔 실수할 수밖에 없어요. 실수를 두려워하지 마세요. 때때로 엉망진창인 세상에서 더 나은 선택을 하려고 노력하고 있잖아요. 완벽한 채식 식단을 유지하겠다는 생각에 오히려 지치는 일이 없도록 하세요.

실수로 이런 재료를 먹었다 해도 괴로워하지 마세요. 다음에 조심하면 돼요. 누가 더 완벽한 채식을 실천하는지 시합하는 게 아니니까요.

낯선 음식에 푹 빠지는 법

새로운 음식에 대한 거부감과 채식 요리에 물리는 일은 채식주의자가 흔히 맞닥뜨리는 장벽이에요. 해결책이 있냐고요? 후천적 기호를 습득하면 돼요! 조금만 노력하고 다음 조언에 귀 기울이면 낯선 음식에 푹 빠지고, 두부나 브로콜리처럼 싫다고 생각한 음식을 좋아하게 될 수도 있어요. 몇 가지 요령을 알려드릴게요.

재료 손질과 조리법이 중요합니다

처음 맛보는 음식이라면 제대로 조리한 음식을 먹습니다. 가지나 두부 등 어떤 재료는 손질하고 조리하는 법에 따라 맛이 아주 좋기도 하고 역겹기도 해요.

새로운 음식을 시도할 때는 그 음식으로 유명한 식당에 가보세요. 아니면 그 음식 레서피에 대한 평이 좋은 요리책을 구해서 요리법을 완벽하게 익힐 때까지 따라 해보세요.

재료의 질이 중요합니다

어떤 재료를 처음 맛볼 때는 가장 좋은 것으로 구하세요. 갓 수확한 제철 토마토와 겨울에 먼 곳에서 이송한 시든 토마토를 떠올려보세요.

열린 마음으로 대합니다

음식은 그 자체로 평가하세요. 사과를 한 조각 먹은 다음에, 심지어 그것이 사과라는 걸 알면서 형편없는 오렌지라고 불평하진 않겠죠? 마찬가지로 미소 타히니 소스를 맛보면서 소고기 그레이비[85] 같은 맛이 나지 않는다고 실망하지 마세요.

지금 당신 앞에 놓인 음식에 집중하세요. 그 음식

의 독특한 맛과 식감을 느껴보세요. 익숙한 것에서 살짝 벗어난, 작은 모험을 떠난 호기심 가득한 여행자라고 상상하고 열린 마음으로 음식을 대하세요.

비교하고 대조합니다

음식을 먹으면 다른 음식과 유사점과 차이점이 느껴질 거예요. 유사점과 차이점을 평가하는 대신 머릿속에 그 내용을 기록하세요. 마치 와인을 테이스팅하는 것처럼요.

반드시 좋아해야 하는 건 아닙니다

처음 먹어보는 음식이라면 오히려 좋아하지 않을 거라고 예상하는 편이 정확할 거예요. 그렇다고 영원히

85 고기를 익힐 때 나온 육즙에 레드와인, 우유, 녹말 등을 넣어 만든 소스.

싫어할 거라고 단정 짓지 마세요. 대다수 사람은 차나 커피, 올리브, 와인을 처음 맛볼 때는 그 맛을 싫어해요. 그런데 얼마나 많은 사람이 그런 음식을 좋아하는지 생각해보세요.

천천히 시도합니다

연구에 따르면 좋아한다는 것은 익숙해진다는 것과 관련이 있다고 해요. 어떤 음식을 좋아하기까지 적어도 10~15번은 맛봐야 한다고 생각하세요. 천천히 시도하세요. 6개월 동안은 일주일에 한입 먹는 식으로요. 그렇게 했는데 여전히 싫다면 당신과 맞지 않는 음식일 수도 있어요. 하지만…

실망하지 마세요

더 많은 것을 시도하고 경험할수록 삶에서 더 많은 즐거움을 누릴 수 있으니까요!

ROSEMAR

부록

채식 재료와 음식 해설

가도가도gadogado 인도네시아 전통 샐러드. 양배추, 감자, 달걀, 숙주나물, 당근, 콩, 두부 등을 섞어서 땅콩 소스를 뿌려 먹는다.

가리gari 서아프리카의 주된 음식. 으깬 카사바를 발효한 뒤 볶아 말린다.

그래놀라granola 곡물류, 말린 과일, 견과류 등을 설탕이나 꿀, 오일과 섞어 오븐에 구운 시리얼.

그레이비gravy 고기를 익힐 때 나온 육즙에 레드와인, 우유, 녹말 등을 넣어 만든 소스.

그리츠grits 거칠게 빻은 옥수숫가루를 삶은 뒤 버터, 우유와 섞어 만드는 미국 남부 요리.

니수아즈nicoise 삶은 달걀, 참치, 검은 올리브, 토마토, 오이, 감자, 삶은 강낭콩, 안초비 등으로 만드는 샐러드. 프랑스 니스 지방의 조리 방식을 뜻하는 말.

다와다와dawa dawa 아프리카메주콩(네레)이라는 콩과 나무의 씨앗을 발효해서 만든 일종의 메주.

달dal 마른 콩류에 향신료를 넣고 끓인 인도의 스튜. 채식을 주로 하는 인도인이 단백질을 보충하기 위해 매일 먹는 음식이다.

대두soybean '메주콩' '콩나물콩' '백태'라고도 한다. 다른 콩에 비해 단백질과 지방산이 풍부하다. 각종 장류와 콩기름, 두유, 두부, 콩나물 등을 만들 때 쓴다. 전 세계적으로 재배량이 가장 많다.

라삼rasam 인도 남부 지역의 전통 수프. 타마린드, 칠리 고추, 토마토 등을 넣고 만든다.

렌틸콩lentils 지중해 연안이 원산지인 콩으로, 질 좋은 단백질이 다량 함유되어 채식주의자에게 중요한 식물성 단백질 공급원 역할을 한다. 비타민, 무기질, 식이 섬유 등도 풍부하다. 양면이 볼록한 렌즈 모양이어서 '렌즈콩'이라고도 하며, 인도에서는 '달(dal)'이라고 부른다.

마리나라 소스marinara sauce 토마토와 마늘, 허브, 양파 등으로 만든 이탈리아식 토마토소스.

맥앤치즈mac n cheese 마카로니 앤드 치즈macaroni and cheese를 줄인 말. 이름 그대로 마카로니와 치즈를 섞어 버무린 음식이다.

무팔레타muffaletta 살라미 소시지와 카피콜라, 치즈, 올리브 샐러드 등을 그리시니나 포카치아처럼 납작한 이탈리아 빵에 넣은 샌드위치.

미네스트로네minestrone 각종 채소, 허브, 콩 등에 파스타나 쌀을 넣어 걸쭉하게 끓인 이탈리아 채소 수프.

미르푸아mirepoix 당근, 양파, 셀러리 등 각종 채소를 깍둑깍둑 썬 것. 스톡, 수프, 찜, 스튜 등에 맛과 향을 더하는 향신료로 쓴다.

미시르 왓misir wot 에티오피아의 렌틸콩 스튜.

뵈프 부르기뇽bœuf bourguinon 프랑스의 대표적인 스튜. 레드와인에 소고기, 양파, 버섯 등을 넣고 장시간 끓인다.

부용bouillon 육류, 생선, 채소, 향신료 등을 넣고 맑게 우려낸 육수.

불구르bulgur 발아한 밀을 쪄서 말린 다음 빻은 가루. 터키를 비롯한 서아시아 요리에 많이 쓰인다.

브로콜리 라베broccoli rabe 잎이 많고 작은 꽃과 줄기가 달린 채소. 겨자 잎처럼 톡 쏘는 맛이 난다.

비네그레트vinaigrette 기름과 식초를 섞어 만든 소스. 다섯 가지 기본 소스 가운데 하나이며, 각종 드레싱으로 사용한다.

사워크라우트sauerkraut 가늘게 썬 양배추를 싱겁게 절여서 발효한 독일식 김치.

살사salsa 소스를 뜻하는 스페인 말. 다진 채소와 레몬주스(혹은 라임 주스), 향신료를 섞어 만든다.

삼발 올렉sambal oelek 인도네시아의 매운 소스. 고추, 식초, 마늘, 소금이 주재료다.

슈피나트크뇌델spinatknödel 크뇌델(감자, 밀가루, 고기 등을 반죽해서 한입 크기로 빚은 다음 끓는 물에 익힌 독일 음식)에 고기 대신 시금치를 넣은 요리. 한국의 완자와 비슷하다.

스리라차sriracha 타이식 칠리소스. 매운 고추, 식초, 설탕, 소금 등을 넣어 만든다.

스파나코피타spanakopita 시금치에 치즈와 달걀을 섞어서 구운 파이. 그리스 전통 음식으로, 열량이 낮고 맛이 담백하다.

아마란스amaranth 고대 잉카제국에서 퀴노아와 함께 재배한 곡물. 글루텐(불용성 단백질)이 없고, 다른 곡류에 비해 단백질 함량이 높다.

아위asafetida 인도 요리에 사용하는 향신료. 미나리과 식물인 아위의 뿌리와 줄기에서 채취한 수액을 굳힌 것으로, 유황 냄새를 포함한 악취가 난다.

아키ackee 원산지가 서아프리카인 무환자나무과의 열매. 자메이카에서 많이 먹는 아키앤드솔트피시ackee and saltfish의 주재료다.

에다마메枝豆 덜 여문 풋콩을 깍지째 삶은 일본식 반찬.

에스카롤escarole 꽃상추의 일종. 잎이 넓고, 이눌린이 있어 약간 쓴맛이 난다.

오레가노oregano 꽃박하. 요리에 향신료로 쓰이는 꿀풀과의 여러해살이풀이다.

오레키에테orecchiette 가운데가 깊고 오목한 타원형 파스타.

오크라okra 여자 손가락 모양과 비슷하게 생겼다고 '레이디핑거'라고도 하는 채소.

인제라injera 에티오피아 고원 지대에서 자라는 테프라는 곡물의 가루로 만든 아프리카 전통 빵. 둥글납작하다.

잭프루트jackfruit 두리안과 비슷하게 생긴 열대 과일. 과일 가운데 가장 크며, 과육에 녹말과 식이 섬유가 많다.

치파틀 고추chipotle pepper 향이 강한 멕시코산 고추. 절임으로 먹고, 스튜나 소스 등에 넣는다.

카무트kamut 고대 이집트에서 재배한 호라산 밀Khorasan wheat의 한 종류. 단백질과 섬유소가 풍부하다. 브랜드 이름이기도 하다.

카샤kasher 물이나 우유에 곡물을 넣고 끓인 죽. 러시아를 비롯한 동유럽에서 주로 먹는다. 영어권에서는 주로 메밀을 넣고 끓인 그레치네바야 카샤를 일컫는다.

카술레cassoulet 카솔cassole(여러 재료를 섞은 반죽을 넣고 조리한 그대로 식탁에 올릴 수 있는 얕은 냄비)에 조리한 스튜. 프랑스 랑그도크Langeudoc 지방의 전통 요리다.

카차토레cacciatore 닭고기나 토끼 고기 등을 토마토

소스에 졸여서 만드는 이탈리아 요리.

케이퍼caper 지중해 연안에 널리 자생하는 식물. 꽃봉오리를 식초에 절여 향신료로 이용한다.

케제슈페츨레Käsespätzle 밀가루에 물이나 우유, 달걀, 소금을 넣은 반죽으로 만든 짧은 면을 삶은 다음 치즈를 층층이 쌓고, 마지막으로 볶은 양파를 올려서 구운 독일 요리.

쿠스쿠스couscous 밀가루를 손으로 비벼서 만든 좁쌀 모양 알갱이 혹은 여기에 고기나 채소 스튜를 곁들여 먹는 북아프리카의 전통 요리.

타마리tamari 일본 간장.

타불레tabbouleh 다진 토마토와 파슬리, 세몰리나, 양파, 박하 잎에 레몬즙과 올리브유, 소금으로 드레싱하는 서아시아식 샐러드.

타코쉘taco shell 고운 옥수숫가루로 반죽해서 동글납작하게 편 뒤 'U 자형'으로 구부려 바삭하게 튀긴 음식.

타후tahu 인도네시아 두부.

타히니tahini 껍질 벗긴 참깨를 곱게 갈아 만든 페이스트.

터더큰turducken 칠면조 배에 오리를 넣고, 그 오리의 배에 닭을 넣어 구운 요리. 주로 추수감사절에 먹는다.

테프teff 에티오피아 고원 지대에서 자라는 벼과 곡물. 섬유질과 단백질, 철, 칼슘이 풍부하다. 에티오피아와 에리트레아의 전통 빵인 인제라의 주원료로 쓰인다.

템페tempeh 대두를 쪄서 발효한 인도네시아의 고단백질 음식.

토스타다tostada 굽거나 튀긴 토르티야에 으깬 콩, 구아카몰레 등을 올린 라틴아메리카 요리.

트레일 믹스trail Mix 말린 과일, 견과류 등을 섞어 한 입 크기로 만든 시리얼.

파르미자나parmigiana 익힌 가지, 치즈, 토마토소스를 층층이 쌓아 오븐에 구운 이탈리아 요리. 가지를 뜻하는 멜란자네를 붙여 '파르미자나 디 멜란자네parmigiana di melanzane'라고도 한다.

파스닙parsnip '설탕당근'이라고도 불리는 뿌리채소.

파스타 알 포모도로pasta al pomodoro 토마토소스 스파게티. 올리브유와 바질, 토마토 등으로 만든다. 포모도로는 토마토를 뜻하는 이탈리아어다.

파테pate 페이스트를 뜻하는 프랑스어. 고기와 생선, 채소나 과일 등을 갈아 양념한 반죽으로, 보통 차게 해서 빵이나 크래커 등에 발라 먹는다.

팔라펠falafel 병아리콩이나 누에콩을 다진 마늘이나 양파, 고수 씨와 잎, 파슬리, 커민과 함께 갈아 만든 반죽을 둥글게 빚어 튀긴 음식. 서아시아에서 주로 간식이나 애피타이저로 먹는다.

팟타이phat thai 쌀국수에 숙주나물을 넣고 볶은 국수.

팟투시fattoush 레바논의 전통 샐러드. 납작한 빵과 각종 채소에 새콤한 드레싱을 뿌려 먹는다.

페셀pecel 인도네시아 자바식 전통 샐러드. 땅콩 소스를 곁들여 먹는다.

포파덤poppadom 동남아시아 지역에서 흔히 카레와 함께 먹는 얇고 바삭한 빵.

폴렌타polenta 끓는 물에 옥수숫가루를 넣고 끓인 이탈리아 요리.

푸아그라foie gras 거위나 오리의 간 혹은 그것을 재료로 만든 프랑스 요리.

퓌레puree 익힌 채소나 과일을 간 다음 체에 걸러 거친 섬유질을 제거한 부드럽고 진한 요리.

프리홀레스 레프리토스refried beans 멕시코의 콩 요리. 익힌 콩을 기름에 튀긴 다음 으깨서 만든다.

피에로기pierogi 폴란드를 비롯한 동유럽식 만두. 감자, 사워크라우트, 다진 고기, 치즈, 과일 등을 소로 넣는다.

피코 데 가요pico de gallo 멕시코의 대중적인 소스. 토마토, 양파, 고추, 고수 등을 작게 잘라 만든다.

피타pita 이스트를 넣지 않고 둥글납작하게 만든 빵 혹은 이 빵을 반 갈라서 데운 뒤 옥수수, 참깨 퓌레, 가늘게 썬 채소, 병아리콩 등을 넣은 샌드위치.

필래프pilaf 쌀에 버터, 양파 등 다양한 재료와 향신료를 넣고 볶은 뒤 찐 일종의 볶음밥. 나라와 지역에 따라 들어가는 재료가 다양하며, 조리법도 조금씩 다르다. 인도를 비롯한 아시아 여러 나라와 카리브해 지역에서 즐겨먹는다.

하이센장海鮮醬 대두, 고구마, 향신료 등을 넣어 짭짤하고 매콤하고 달콤한 중국식 소스.

할바halvah 깨와 꿀로 만든 과자. 터키를 비롯한 서아시아와 발칸반도 지역에서 주로 먹는다.

호미니hominy 껍질을 벗기고 거칠게 부순 옥수수 알갱이.

후무스hummus 삶은 병아리콩을 으깨서 만든 퓌레. 비타민과 단백질, 식이 섬유가 풍부하고 콜레스테롤을 낮추는 저칼로리 식품으로, 서아시아에서 즐겨 먹는다.

채식 관련 사이트와 카페

한국채식연합 www.vege.or.kr

베지터스 www.vegetus.or.kr

한울벗채식나라 https://cafe.naver.com/ululul

비건쿡 https://cafe.naver.com/veganfood

채식공감 https://cafe.naver.com/veggieclub

아토피빵자매의채식쌀오버베이킹

https://cafe.naver.com/theoverbakingsisters

생명과환경을살리는채식모임

https://cafe.naver.com/eatpeace

비건쿡-채식요리연구소

https://cafe.naver.com/vegancook

채식평화연대 https://cafe.naver.com/vegpeace

돌나라한농마을채식카페

https://cafe.naver.com/greenhannong

만성질환환우들의채식모임

https://cafe.naver.com/sanghooncafepr

슬기로운채식생활 https://cafe.naver.com/allwecandoit

채식이체질 https://cafe.naver.com/dfiusudefgerffvreg

지은이

캐서린 맥과이어 Katherine McGuire

필라델피아에서 20년 이상 행복한 채식주의자로 살고 있습니다. 10여 개 나라를 여행하면서도 채식을 멈추지 않았습니다.

옮긴이

방진이

연세대학교 정치외교학과를 졸업하고, 같은 대학교 국제학 대학원에서 국제무역과 국제금융을 공부했습니다. 현재 펍헙번역그룹에서 전문 번역가로 활동하며,《가장 단호한 행복》《우아하고 커다랗고 완벽한 곡선》《만화로 보는 불사를 꿈꾼 영웅 길가메시》《모임을 예술로 만드는 법》등을 우리말로 옮겼습니다.

채식 클럽 회원증

펴낸날 2021년 8월 20일 초판 1쇄
지은이 캐서린 맥과이어(Katherine McGuire)
옮긴이 방진이
펴낸이 정우진 강진영 김지영
꾸민이 송민기 happyfish70@hanmail.net
펴낸곳 (04091) 서울 마포구 토정로 222 한국출판콘텐츠센터 420호
도서출판 황소걸음
편집부 (02) 3272-8863
영업부 (02) 3272-8865
팩 스 (02) 717-7725
이메일 bullsbook@hanmail.net / bullsbook@naver.com
등 록 제22-243호(2000년 9월 18일)
ISBN 979-11-86821-59-6 00590

정성을 다해 만든 책입니다. 읽고 주위에 권해주시길…
잘못된 책은 바꿔드립니다. 값은 뒤표지에 있습니다.

기나긴 청춘

어른 되기가 유예된 사회의 청년들

장 비야르 지음 | 강대훈 옮김 | 96쪽 | 8,800원

청년 문제는 현대사회의 중요한 정치적 과제이자 민주주의의 시험대

오늘날 청년들은 서른 이전에 결혼하거나 안정된 직장을 갖기 힘들다. 첫 취업과 출산, 성년기 진입 연령도 반세기 전보다 10년 이상 늦어졌다. 사회학자 장 비야르는 청년 문제가 현대사회의 중요한 정치적 과제이자 민주주의의 시험대가 됐다고 말한다.
유동하는 현대사회에서 청년들은 어떻게 어른이 되는가? 그들은 4가지 청춘 수업(학업, 사랑, 여행, 노동)을 어떻게 치르고 있으며, 국가와 기업은 청년층의 어른 되기를 위해 무엇을 할 수 있을까?